项目支持:黑龙江八一农垦大学

冬季大气层温度变化对夏季旱涝形成的影响与预测

蔡尔诚　著

杨德威　制图

U0312121

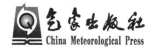

气象出版社
China Meteorological Press

内容简介

本书从1470—1996共527年气象资料中及18年预测试验中,总结出冬季(11月—翌年2月)大气层温度变化与夏季降水形成的三条统计性规律:①2月气温特征是夏季旱涝特征的萌芽态。②冬季20层大气中,每年仅有一层具备①的功能。③具有功能①的11月—翌年2月气温演变必须结合"最小熵产生原理",才利于预测分析的进行。

上述规则用于夏季降水预测,是著者对《中国1470—1996年夏季旱涝前兆研究》及《中国夏季降水预测》两书缺陷予以改正后的总结。限于著者的知识水平和工作条件,新的缺陷有待读者指正。

图书在版编目(CIP)数据

冬季大气层温度变化对夏季旱涝形成的影响与
预测/蔡尔诚著. —北京:气象出版社,2014.11
ISBN 978-7-5029-6055-1

Ⅰ.①冬…　Ⅱ.①蔡…　Ⅲ.①冬季-大气层-温度
变化-气候影响-夏季-干旱-研究②冬季-大气层-温度
变化-气候影响-夏季-水灾-研究　Ⅳ.①P426.616

中国版本图书馆 CIP 数据核字(2014)第 263516 号

出版发行:气象出版社

地　　址:北京市海淀区中关村南大街 46 号　　　**邮政编码**:100081
总 编 室:010-68407112　　　　　　　　　　　**发 行 部**:010-68409198
网　　址:http://www.qxcbs.com　　　　　　　**E-mail**:qxcbs@cma.gov.cn
责任编辑:王元庆　　　　　　　　　　　　　　**终　　审**:黄润恒
封面设计:博雅思企划　　　　　　　　　　　　**责任技编**:吴庭芳
印　　刷:北京中新伟业印刷有限公司
开　　本:889mm×1194mm　1/32　　　　　　　**印　　张**:6.75
字　　数:179 千字
版　　次:2014 年 11 月第 1 版　　　　　　　　**印　　次**:2014 年 11 月第 1 次印刷
定　　价:39.00 元

本书如存在文字不清、漏印以及缺页、倒页、脱页等,请与本社发行部联系调换

前言:气候预测是热力学问题

2009 年,《人民日报》与《中国气象报》为帮助全国人民理解一个十分困难的问题:"气候预测是世界难题,我们能测准气候吗?"约请了北京大学和国家气候中心的专家就此难题从科学多角度予以解答。

国际上比较一致的看法是:气候系统是一个由大气圈、水圈、冰冻圈、陆地圈和生物圈等 5 圈组成的,因此,多学科交叉研究是气候预测所必须要走的路,也决定了气候预测是一项需要长期探索的科学问题。

2009 年 9 月 18 日,北京大学王绍武教授在《中国气象报》上刊发的《从科学角度看气候预测的难度》文中,提出了解决气候预测的一个简明而核心的问题:"气候预测的一个直接目标就是预测月平均图上的大气活动中心⋯⋯但是控制大气活动中心变化的物理机制与控制逐日天气图上气旋、反气旋活动的物理机制是不同的——大气动力学是控制气旋、反气旋逐日活动的主要因素,而热力学则是控制大气活动中心月季变化的主要因素。曾经有动力气象学家估计,如果没有能量的补给,地球大气运动的总动能将因摩擦耗损而在 5 天左右消耗殆尽。因此原则上说,5 天后的大气运动能量取决于对大气的加热。所以有人认为短期天气预报是动力学问题,气候预测是热力学问题。这种提法虽有一定偏颇,但却恰恰是抓住了问题的核心。"

笔者作为 1958 年由部队转业至黑龙江省北大荒开荒种地的一位防化兵,气象灾害的压力迫使笔者只能一切从"实用"出发:前十年考上北京大学气象专业函授班,希望从数理统计学中找出路,结果失败了。1997 年,无意中找了一个热力学因子,取得意想不到的"大"成功。

1997 年春,我的朋友衢州气象台高工王同年邮给我一份当年 3 月的全国卫星云图。令笔者吃惊:浙、闽、粤三省上空长期覆盖了浓密的利于低空增温的波状低云层,而全国其他省上空则云量极少。按过去 20 多年观云测天的经验,预测今夏东南沿海三省将形成多雨季、其他省区大范围少雨。同时把预测上报到农垦局的上司——国家农业部。

1997年夏预测成功了(详见图1),但1998年得不到云图,只好去省气象台查看天气图,从去冬今春的数据中计算出长江中下游及内蒙古东北角各有一大片高温高湿区,以此为据,预计今夏长江中下游及内蒙古东北角为多雨区。在1997年预测成功的鼓舞下,《农垦日报》在1998年4月11日头版刊发了当年长江中下游的水灾预测。

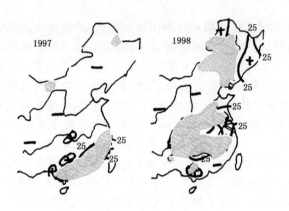

图1 1997年、1998年夏季降水预测的实况与对比图

(蓝色为多雨区实况,有"+"区为预测多雨区)

气候实况是:1997年夏东南沿海三省多雨,其余中东部省区大面积少雨。1998年夏长江中下游发生近10年少见大洪水,内蒙古东北角多雨,但黑、吉两省东部多雨预测失败(参看气象出版社2012年出版的《中国夏季降水预测》第9和第11页图表。)

应当承认:1997—1998年两年夏季降水预测较为成功。同时也要承认:用于气候预测依据的波状低云和地面及水面温度高低毕竟只试用了两年,它能经得起以后预测的考验吗?

就在此时,笔者读到Newell. R. E在1972年、1974年的论文。他提出了冬夏气候变化的新事实:冬季北半球30°上空约200 hPa高度处为一西风极大区,即副热带西风急流。夏季,在同一位置上变为极小西风区(即在此处形成太平洋上副热带高压脊)。据此,冬季西风急流就是预测夏季副热带高压生消的基本依据。而副高的形成和进退又是影响我国夏季降水的主要因素,看来大气层的热力因素可以放在一边了!

图 2 《农垦日报》1998 年 4 月 11 日头版刊登的
中国中东部地区旱涝预报图

在这一思路支使下,1999—2007 年的九年里,夏季降水预测只基本正确了五年,失误了四年(2003 年、2005 年、2006 年、2007 年)。2008 年起再次认识到冬季大气层"高温区"形成与演变对预测夏季降水的重要,并下定决心在较短时期内完成大气热力学因子在气候预测上的功能的总结。

笔者以非专业气象部门工作人员的身份与风云搏斗已 55 年,2015 年将迈入 80 岁之秋。加之气候预测十分重要的技术资料——全国探空数据,在 55 年里,除了 2001—2013 年受聘于德国天气在线公司时获得充分的供应外,其余时间均无固定供应来源。这些困难在黑龙江农垦总局直接支持下,一年比一年改进。总局党委书记兼局长隋凤富对每年农业生产的气象问题亲自过问;总局科技局葛文杰局长年年安排科研经费,并亲自动手总结气象科研的经验在全局宣扬;总局农业局马局长得知我们自费买的电脑年代久了,立即购买了多种电子器材派车送到黑龙江八一农垦大学。

身边的工作助手,除了黑龙江八一农垦大学农学院杨德威老师在6年内为三本气象科研著作绘制了近1000幅各种图表外,剩下的唯一帮手便是非气象专业出身的后老伴魏玫瑰女士了!

笔者第一任妻子是学气象专业的。可惜,就在新婚登记那一天,她带来了"妄想型精神分裂症"给我新的家庭。此后的30多年,我与她就在"家庭精神病院"中度日。那时,黑龙江气象干校余自雄老师看到我的家庭与工作情况,主动伸出援助之手:笔者从1966—1985年经连续20年云天演变观测后总结出"暴雨云型",此时多么希望有机会把这类"云型"送到中央气象台进行全国短期暴雨预报试验啊!余自雄老师知道后,主动去京联系,终于完成了试验并得到中央气象局副总工程师易仕明先生的支持,推荐到更多省份试验。

余自雄老师连续二三十年对笔者支援和帮助,但1985年他病重卧床不起了。此时,余自雄老师对自己的妻子魏玫瑰说:"只有你能替我帮助老蔡了,完成他想完成的事业和工作。"玫瑰担心自己没太多文化,老余说:"你一定能做到!"。

自雄去世一年后,玫瑰成了我最贴心的各方面的助手。虽然,我已知道国际上已有科学家把气候预测视作热力学问题,但我至今还没有接触到某一本用热力学因子预测气候变化的著作。因此,在玫瑰帮助下写出的这本小书能否经得起"老天爷"的检验,只能有待未来了!

最后,笔者要感谢黑龙江八一农垦大学领导多年来的一贯支持!笔者忘不了本书出版经费报告书从送到校长手上到批至我的手中,没超过10分钟!更忘不了秦校长送我步出办公室时的一句祝福的话:"校园图书馆等着您的新著!"。这是对我的鼓励,也是对北大荒科技事业欣欣向荣的期望!

中华民族的子孙将为减轻天灾而奋斗终生!中华民族的子孙将为创新事业而贡献终身!

蔡尔诚

2014 年 8 月

目　录

第 1 章　大气层温度的计算

本书前言中,核心问题是一句话:"气候预测是热力学问题。"

进入本书第 1 章,气候预测的热力学问题进一步具体为两类大气温度的作用。第一类是大气层的月平均气温,第二类是大气层的变温梯度值。前者反映了北半球冬季气温分布的规律,后者是冬季最高气温区与夏季多雨区的联系规律。

下面用图 1-1、表 1-1 和表 1-2 说明以上事实。

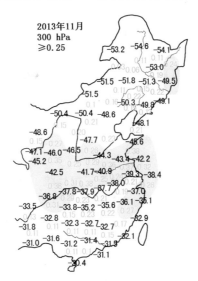

图 1-1　2013 年 11 月 300 hPa 层大气的高温区分布的计算

在图 1-1 中,同时描绘出 2013 年 11 月 300 hPa 层大气中的月平均气温和变温梯度值。图中负值的黑色数码,如最北的黑河站的 $-54.6℃$、赤峰站的 $-50.3℃$、郑州站的 $-44.3℃$,最南方的海口站的

—30.4℃等就是 11 月 300 hPa 大气层中月平均气温的一部分。

与月平均气温同时存在的,是另一类反映大气温度状况的数值,即图中蓝色的正值的小数点数值,如海拉尔站与其西南方向上锡林浩特站之间的0.03℃,北京站与其南方的郑州站之间的 0.23℃,南宁站与海口站之间的 0.1℃等。

图 1-1 中的各月平均气温,计算很容易,直接由各测站的观测记录即可标出。而计算近似北南方向上两站间的变温梯度值,则较复杂。以海拉尔站与锡林浩特站之间的 0.03℃ 为例,其计算方法(公式)如下:

$$|(-53.2)-(51.5)|/67≈0.03$$

式中:—53.2 为海拉尔站的 11 月 300 hPa 平均气温数值(无单位),—51.5 为锡林浩特站的 11 月 300 hPa 平均气温数值(无单位),"67"为近似北南方向上两站的直线距离,直接用透明直尺在地图(比例尺为1∶34800000)上可量出。必须说明,在本书中计算出的两站距离值"67",不含任何单位,只是粗略地表达两站间距离的"近"或"远",如用其他比例尺的地图,量出的距离必须换算成比例尺为 1∶34800000 地图的距离。北南站温度数值之差的绝对值也无单位,所得数值仍无单位。

如上所述,把大气层温度划分为"月平均气温"和"变温梯度"两类,其作用何在?

北半球冬季月平均气温的分布规律反映了地球纬度高低与气流高低的关系。表 1-1 中,由北向南选出加格达奇、赤峰、郑州及海口等四站,分别算出 1 月 500 hPa 与 300 hPa 两层大气的平均气温。

由表 1-1 可以看出,我国冬季的月平均气温的变化,有以下特点:

①由最北向最南的地区升温,年年如此。

②由北向南的月平均气温上升幅度、低层大气高于高层大气,年年如此。

这些几乎每年不变的特征,给依据大气层热量变化预测夏季气候造成不利因素,而"最大变温梯度值"则在一定程度上提供了某些预测因子,下面的表 1-2 是其中一例。

表 1-1　冬季月平均气温的形成规律　　　　　　　　　　　　　　　单位:℃

地名	2008 年 1 月		2009 年 1 月		2010 年 1 月		2011 年 1 月		2012 年 1 月		2013 年 1 月		2014 年 1 月	
	500 hPa 高度	300 hPa 高度	500 hPa 高度	300 hPa 高度	500 hPa 高度	300 hPa 高度	500 hPa 高度	300 hPa 高度	500 hPa 高度	300 hPa 高度	500 hPa 高度	300 hPa 高度	500 hPa 高度	300 hPa 高度
加格达奇	−39.9	−57.8	−39.5	−59.9	−38.1	−57.3	−38.6	−57.5	−42.0	−57.3	−38.2	−58.8	−39.7	−55.7
赤峰	−32.2	−52.2	−33.5	−54.3	−31.7	−53.3	−36.0	−53.8	−35.0	−53.1	−31.9	−56.7	−36.2	−54.5
郑州	−18.3	−40.6	−24.1	−38.4	−21.4	−47.0	−24.1	−48.1	−23.2	−44.3	−22.9	−47.0	−22.3	−47.9
海口	−6.4	−31.4	−4.8	−31.0	−5.2	−31.0	−6.6	−30.8	−5.5	−30.6	−4.7	−30.8	−5.9	−31.2

表 1-2　北半球冬季 1 月最大变温梯度值区与夏季多雨区的吻合程度

年	2008	2009	2010	2011	2012	2013	2014
500 hPa 层最大变温梯度区的形成区域	陕西、山西、河北、山东、辽宁、吉林、黑龙江西南部	辽宁、陕西、甘肃、山西、河南、山东、安徽、江苏、湖北、浙江、江西、福建、贵州、四川	陕西、山西、河北、山东、河南、江苏、浙江、福建、广东、贵州、四川	陕西、山西、河南、湖南、贵州、川东、江苏、浙江、安徽北部	山东、山西、陕西、河南、贵州、湖南、福建、川东、辽宁北部	山东、江苏、福建、江西、湖南、贵州、四川、湖北、陕南	陕西中部、山东、江苏、吉林、湖北东部、江西、湖南
最大变温梯度区的形成区与夏季多雨区吻合度	大部吻合	大部地区不吻合	黄河以北不吻合,长江中游吻合	长江下游两侧区域吻合	陕西北部、山西北部、辽宁北部、贵州吻合	四川、陕南、江苏南部、湖北吻合,河南西部不吻合	江苏东部、湖北东部吻合

　　上述七个夏季除 2009 年大部地区不吻合外,其余 6 个夏季均可达到 50% 以内的吻合。当然,50% 以内的吻合,其预测成功的水平是低的,其原因在于:单纯依据 1 月最大变温梯度去预测夏季的多雨区是不全面的,一些更重要的预测因子,例如普里戈金提出的"最小熵产生原理"远没有加以考虑(普里戈金,1986),将在本书第 4 和第 5 章中加以讨论。

第 2 章　2 月的 30 年(1961—1990 年)平均高温区与 1470—1996 年夏季多雨区的对应关系

大气热力学与冬夏气候的变化,笔者在近十年的试验实践中体会到,二者最密切的关系表现在冬季高温区与夏季多雨区的对应上。

2.1　2 月的 20 层(类)平均高温区

按上章大气层温度的计算方法,本章计算了 2 月份过去 30 年(1961—1990 年)平均的 20 层大气(900 hPa、850 hPa、800 hPa、700 hPa、600 hPa、500 hPa、400 hPa、300 hPa、250 hPa、200 hPa、150 hPa、100 hPa、80 hPa、70 hPa、60 hPa、50 hPa、40 hPa、30 hPa、20 hPa 及 10 hPa)中各层的月气温值。在图 2-1 至图 2-20 中,浅蓝色区表示高温区。

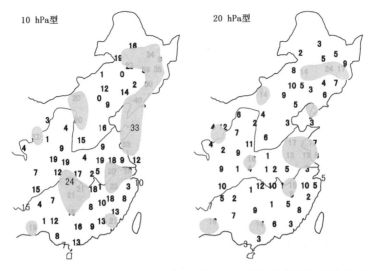

图 2-1　10 hPa 大气层 2 月的 30 年
平均高温区

图 2-2　20 hPa 大气层 2 月的 30 年
平均高温区

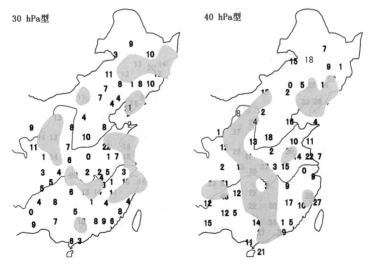

图 2-3　30 hPa 大气层 2 月的 30 年
平均高温区

图 2-4　40 hPa 大气层 2 月的 30 年
平均高温区

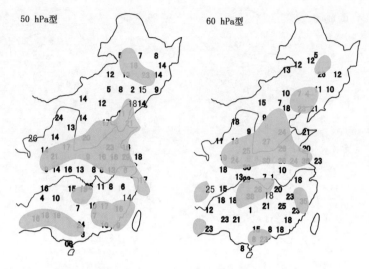

图 2-5　50 hPa 大气层 2 月的 30 年
平均高温区

图 2-6　60 hPa 大气层 2 月的 30 年
平均高温区

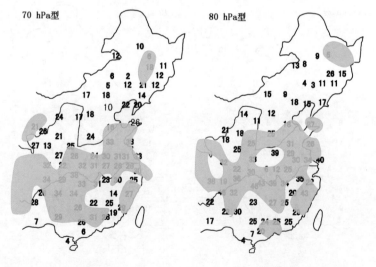

图 2-7　70 hPa 大气层 2 月的 30 年
平均高温区

图 2-8　80 hPa 大气层 2 月的 30 年
平均高温区

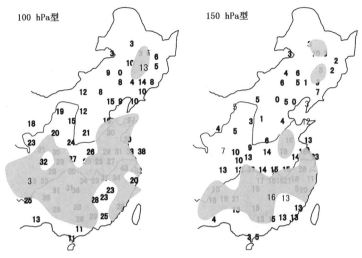

图 2-9　100 hPa 大气层 2 月的 30 年
平均高温区

图 2-10　150 hPa 大气层 2 月的 30 年
平均高温区

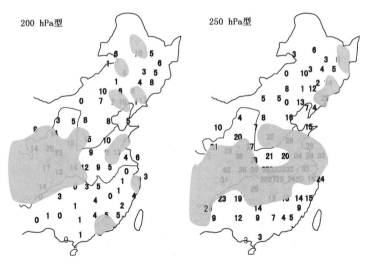

图 2-11　200 hPa 大气层 2 月的 30 年
平均高温区

图 2-12　250 hPa 大气层 2 月的 30 年
平均高温区

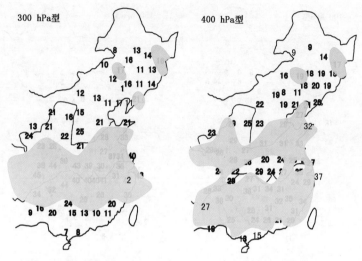

图 2-13 300 hPa 大气层 2 月的 30 年
平均高温区

图 2-14 400 hPa 大气层 2 月的 30 年
平均高温区

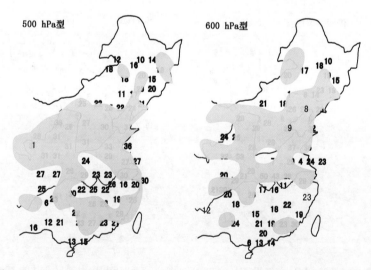

图 2-15 500 hPa 大气层 2 月的 30 年
平均高温区

图 2-16 600 hPa 大气层 2 月的 30 年
平均高温区

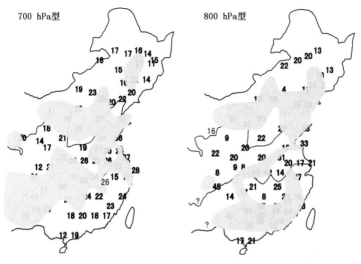

图 2-17 700 hPa 大气层 2 月的 30 年
平均高温区

图 2-18 800 hPa 大气层 2 月的 30 年
平均高温区

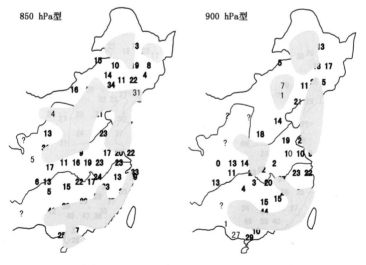

图 2-19 850 hPa 大气层 2 月的 30 年
平均高温区

图 2-20 900 hPa 大气层 2 月的 30 年
平均高温区

　　对上述 20 幅图,读者可能提出两个疑问:①为什么仅用 2 月的高温区去对应夏季的多雨区?②如果把 2 月的大气层垂直地剖分为 25 层而不仅是前面的 20 层,是否也能对应夏季的 25 型多雨区?

　　对问题①,在以下资料中证实:在 11 月—翌年 2 月的 4 个月中,2 月的高温区类型与夏季多雨区类型对应最好。对于②,笔者仅有 20 层探空历史资料,尚无法回答。

2.2　2 月的 30 年(1961—1990 年)平均高温区与 527 年夏季多雨区的对应程度

　　本章用于试验的 527 年历史资料,共分两类:第一类为 1470—1950 年的 481 年,资料取自《中国近 500 年旱涝分布图集》(中央气象局气象科学研究院 1981)。特征是:①没有现代的实测气温、雨量等记录,仅为古代灾情定性记录。②记录灾情的站点少,1470 年前后约 55 个点,1950 年前增至 118 个点,全国分布不均。③记录时间不严格为月、季而以发生灾害为定。④灾情分 5 级:1 级涝,2 级偏涝,3 级正常,4 级偏旱,5 级旱,每级没有雨量标准。

　　在图 2-21 中,灰色为实测 4～5 级旱区、浅蓝色为实测 1～2 级涝区,3 级降水正常未着色,粗黑线区为冬季 2 月形成的高温区,年份下的 hPa 数字表明此为最优对应涝区的大气层层次。图 2-21 如下:

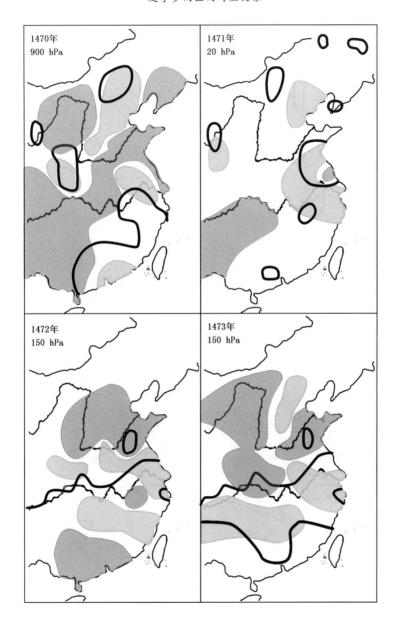

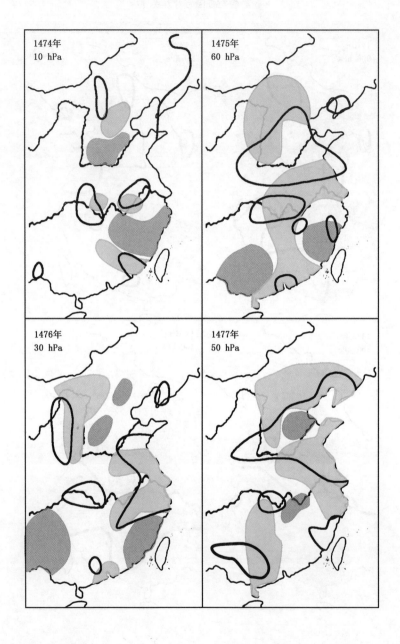

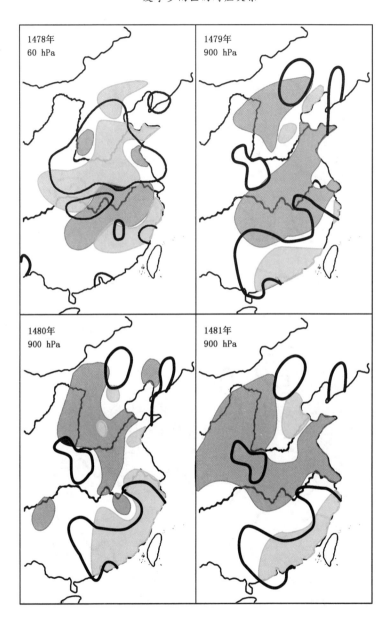

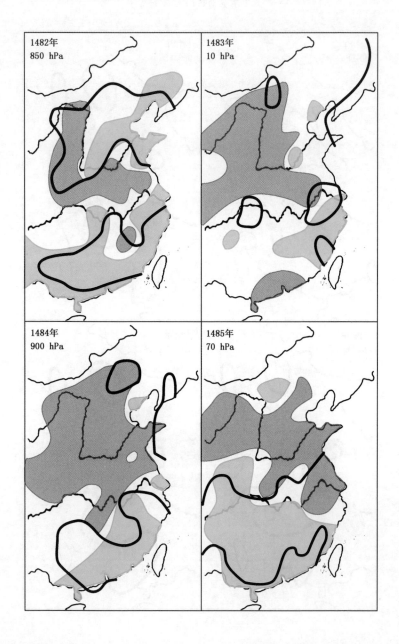

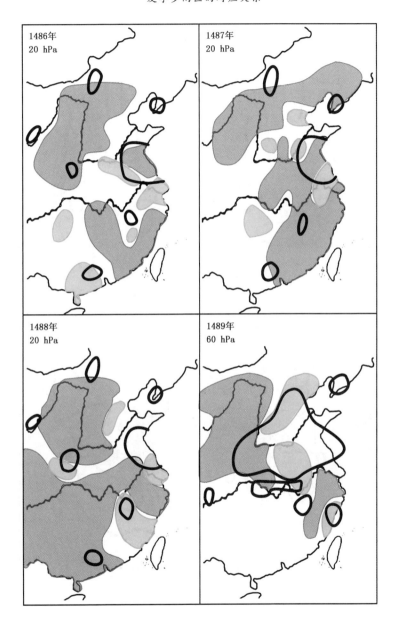

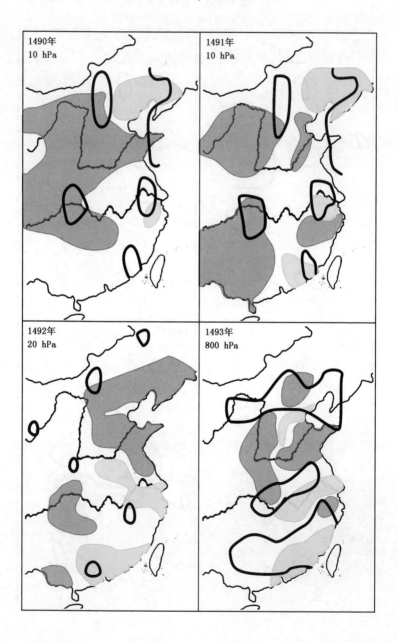

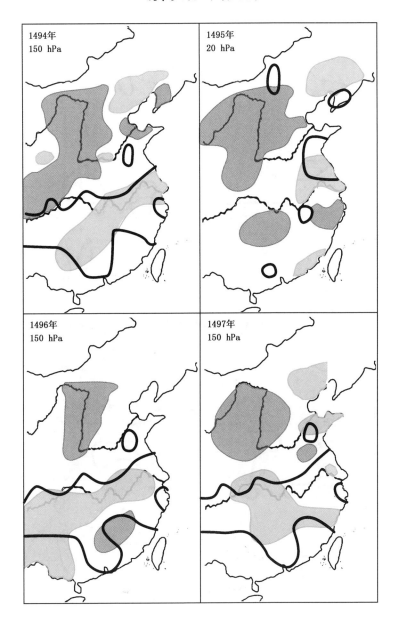

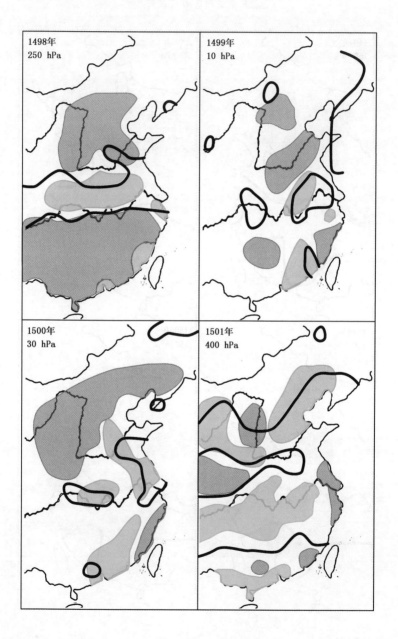

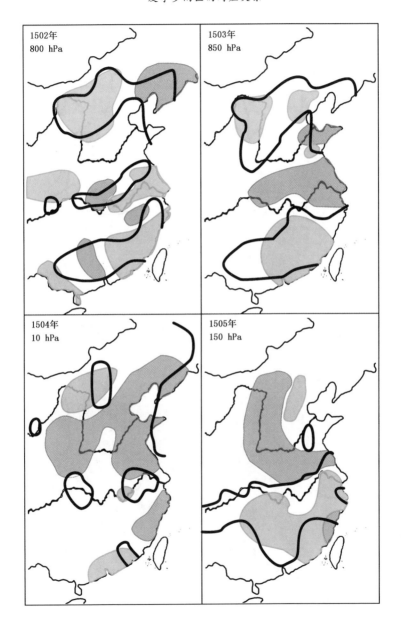

第2章 2月的30年(1961—1990年)平均高温区与1470—1996年夏季多雨区的对应关系

1502年
800 hPa

1503年
850 hPa

1504年
10 hPa

1505年
150 hPa

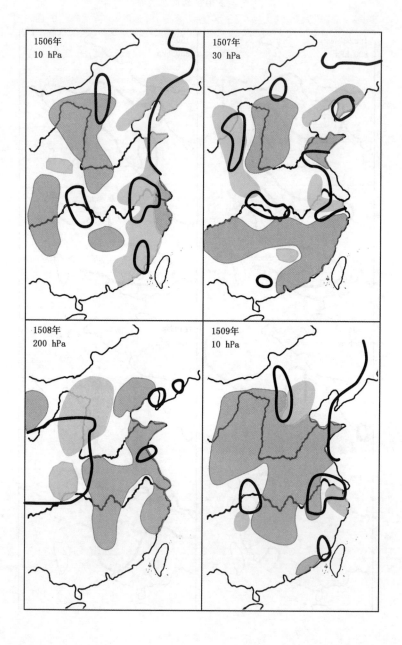

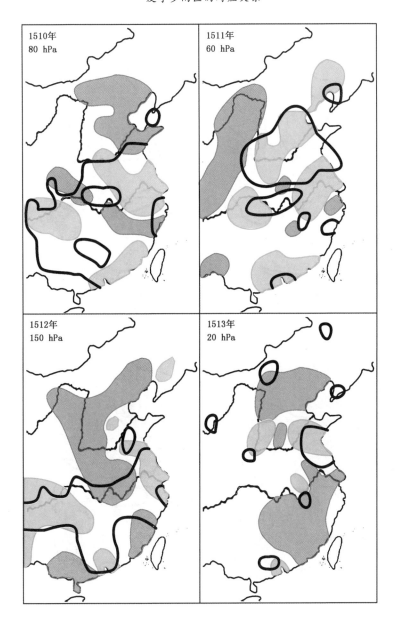

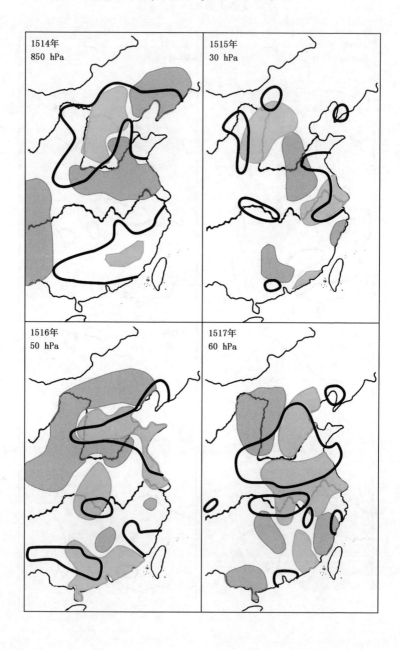

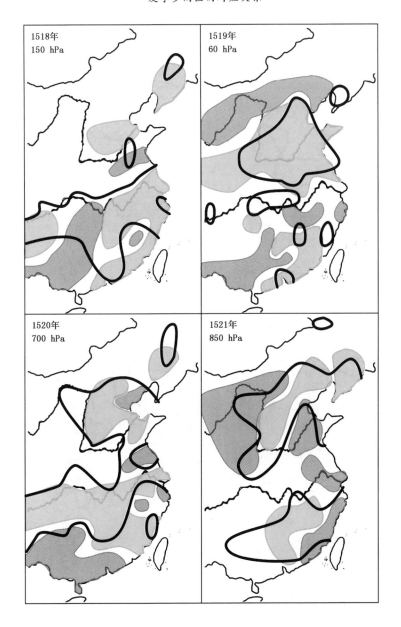

1518年
150 hPa

1519年
60 hPa

1520年
700 hPa

1521年
850 hPa

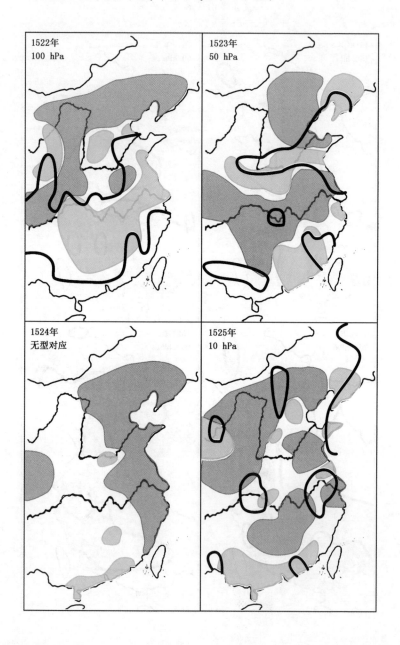

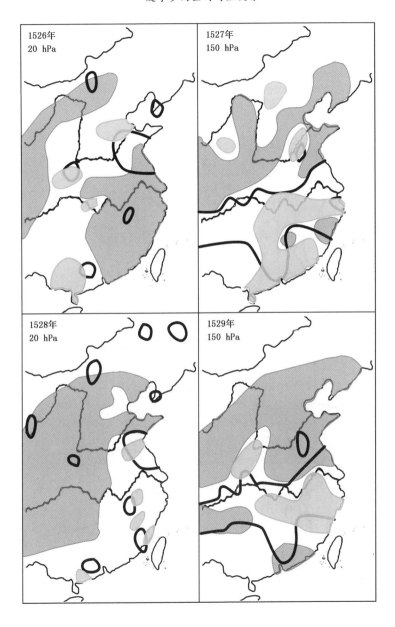

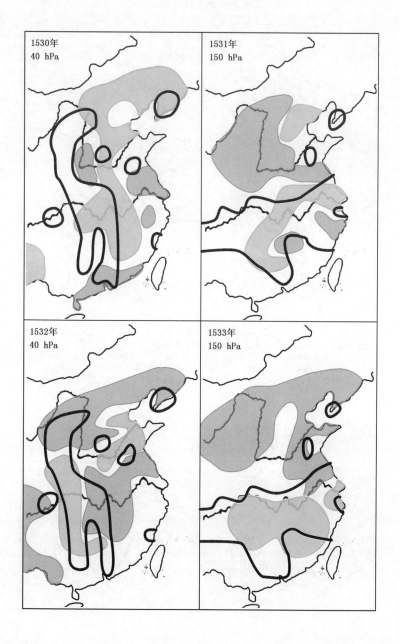

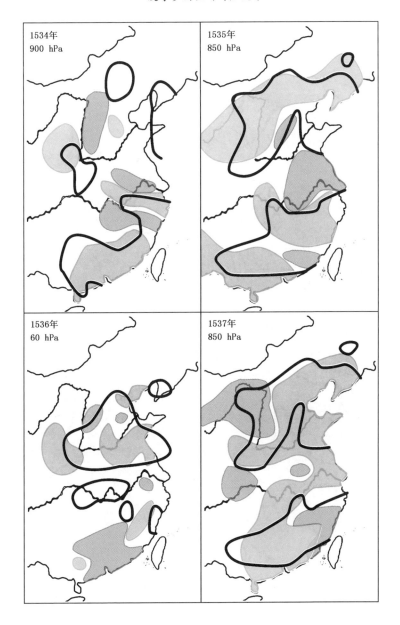

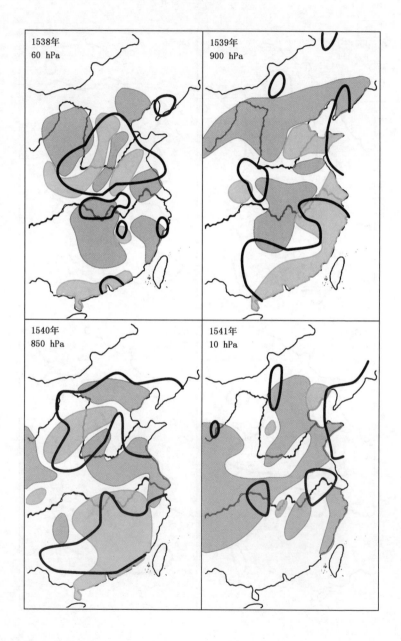

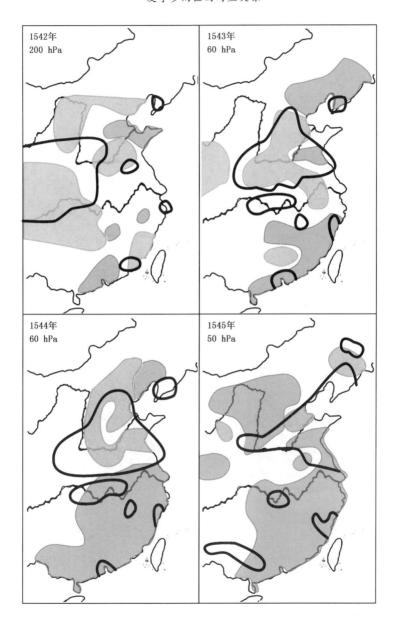

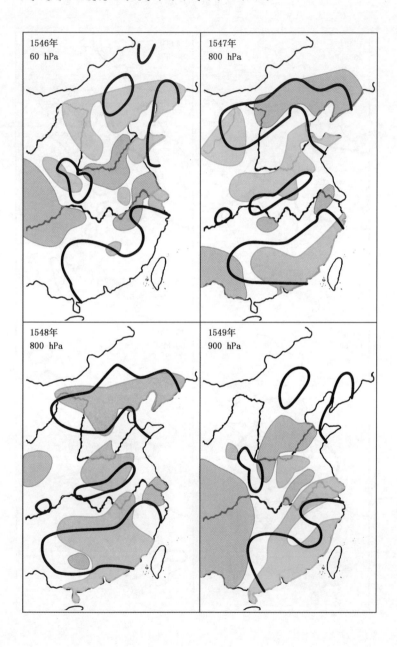

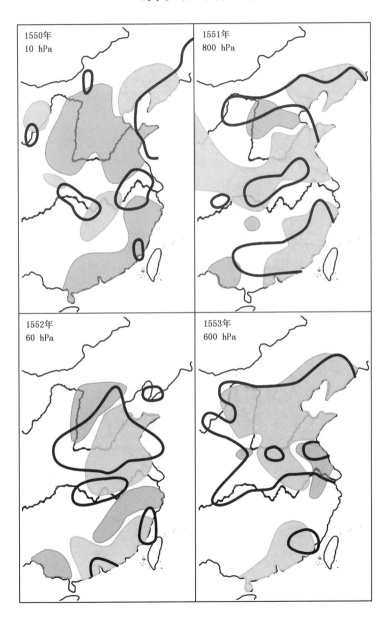

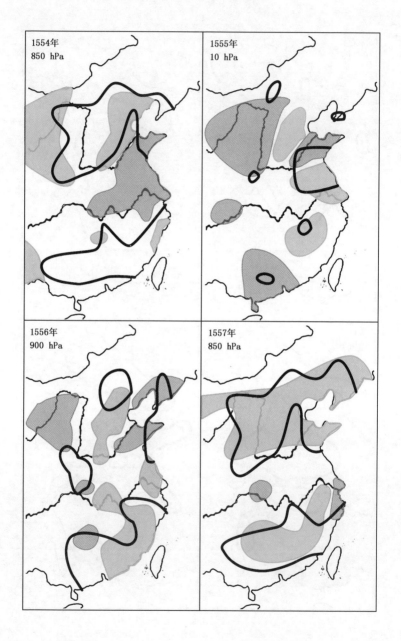

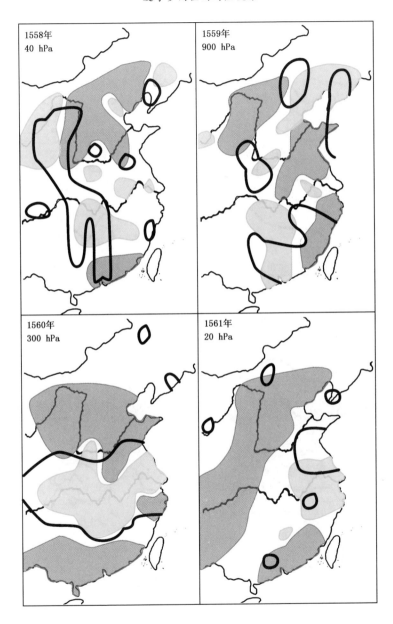

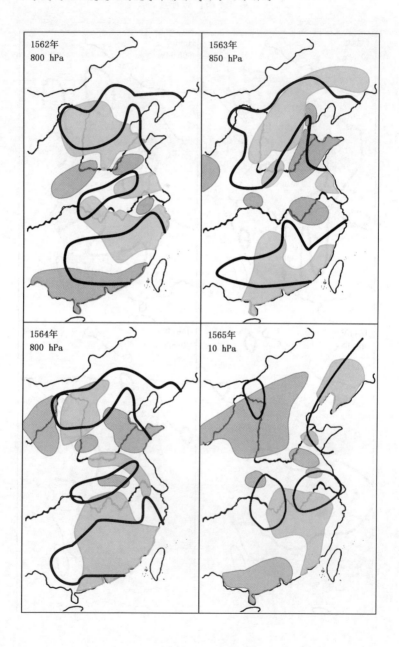

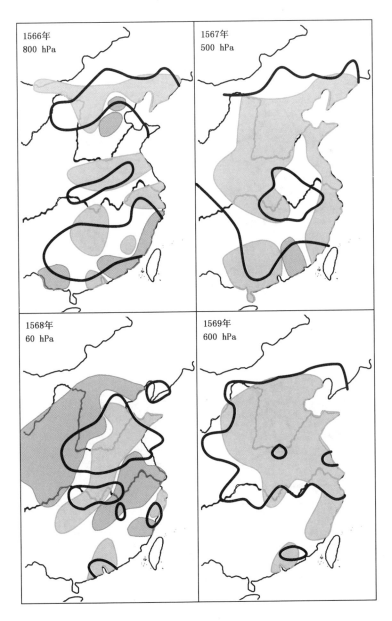

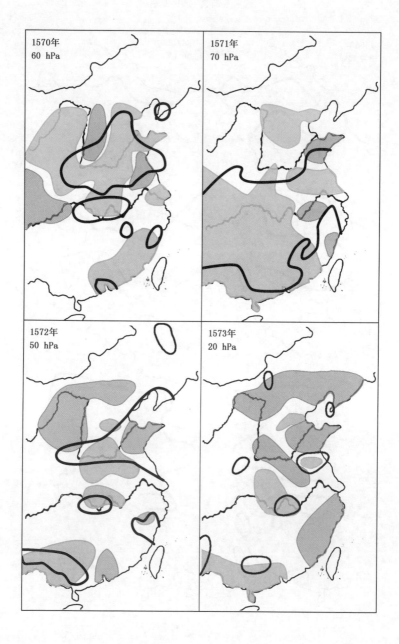

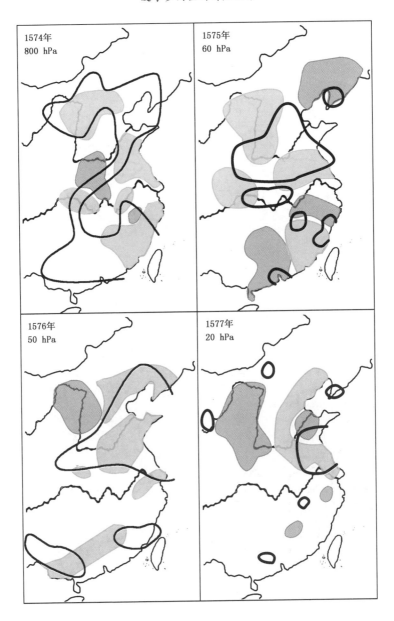

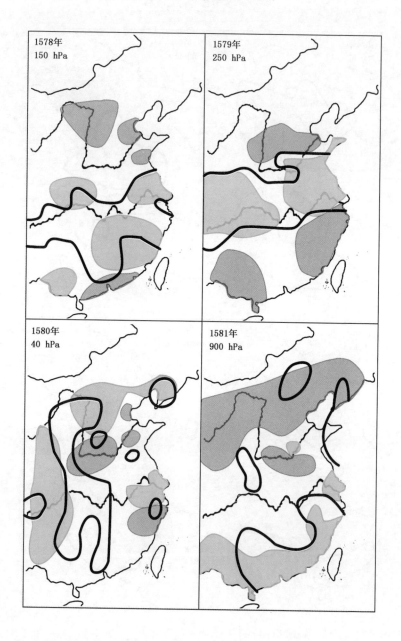

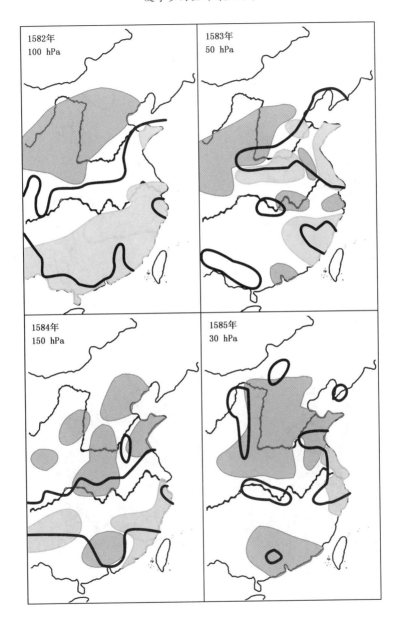

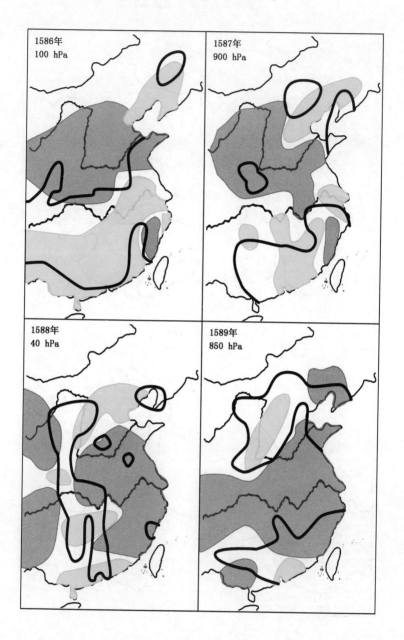

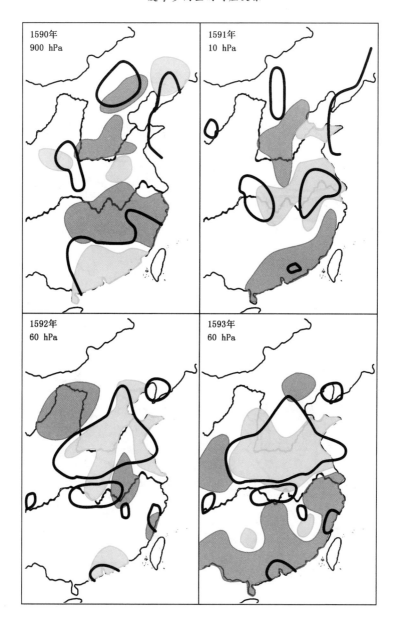

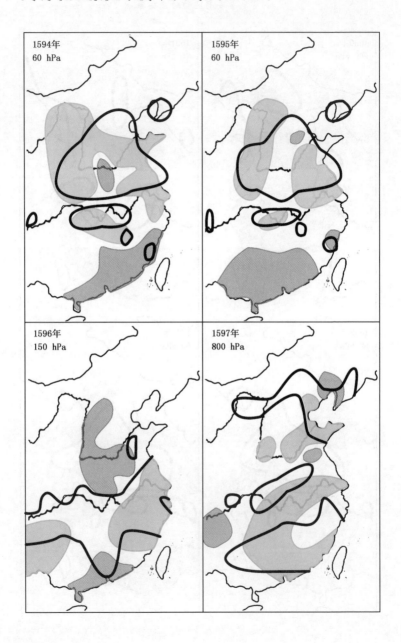

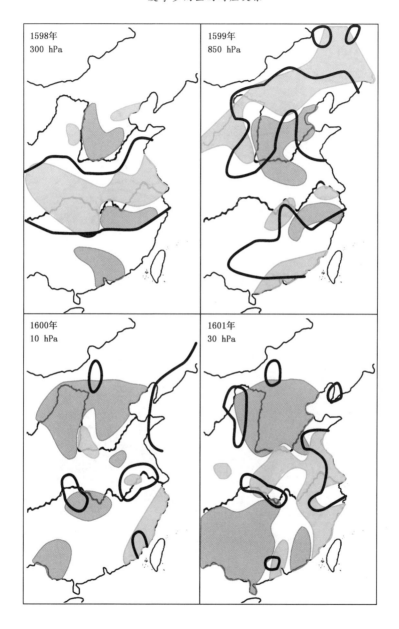

1598年
300 hPa

1599年
850 hPa

1600年
10 hPa

1601年
30 hPa

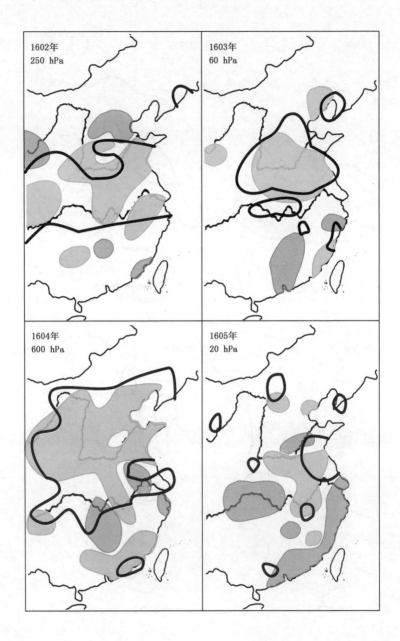

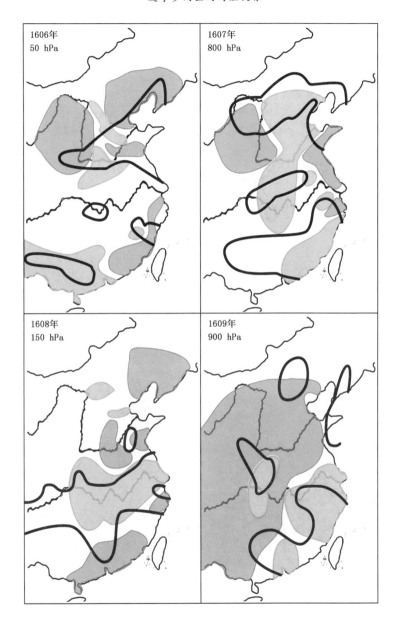

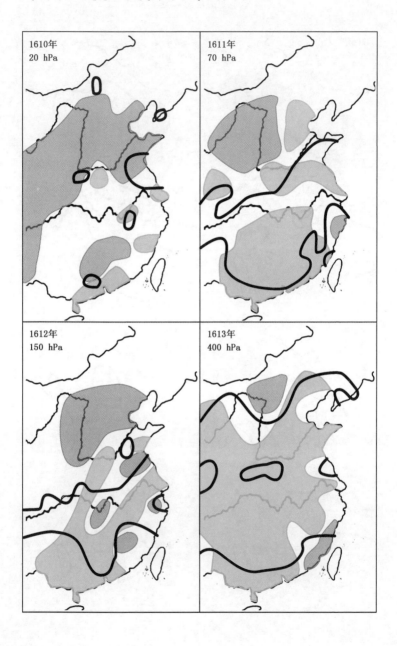

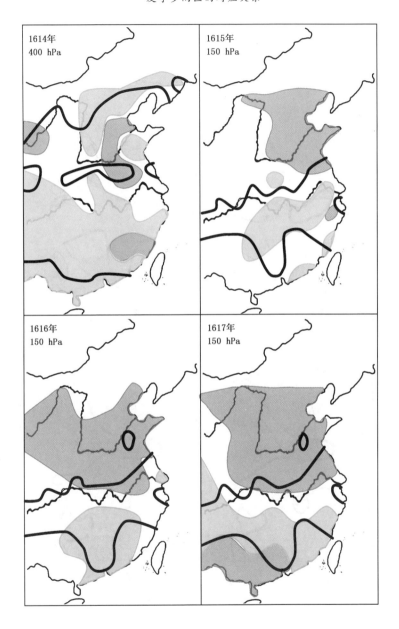

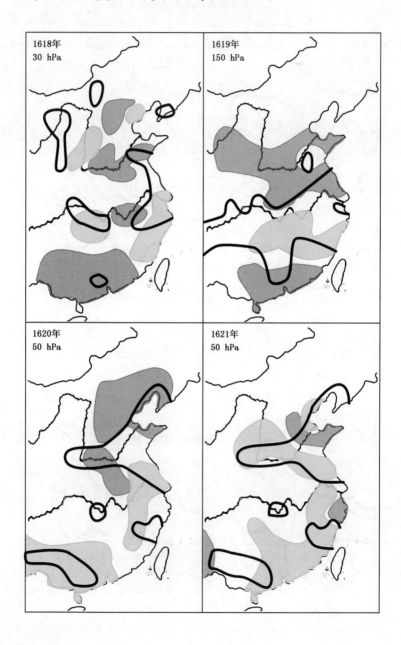

1618年
30 hPa

1619年
150 hPa

1620年
50 hPa

1621年
50 hPa

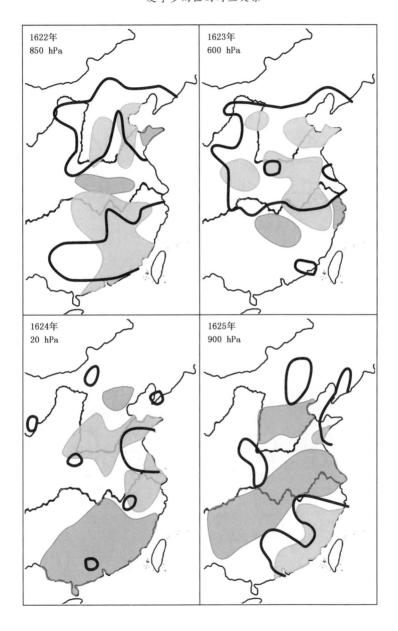

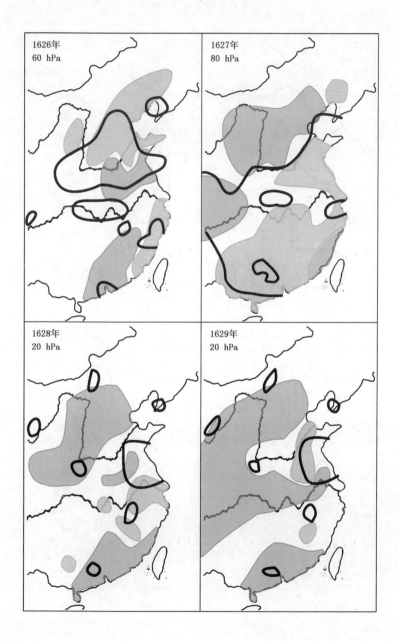

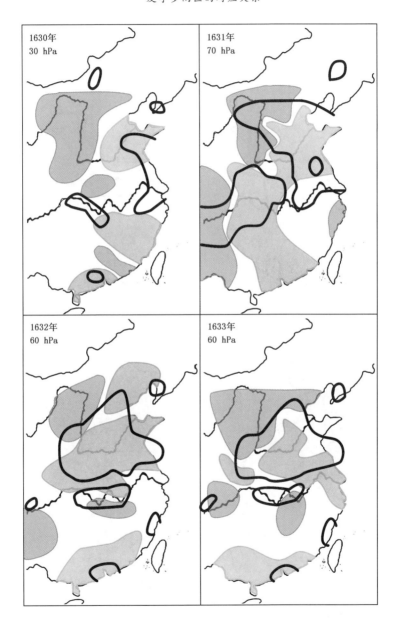

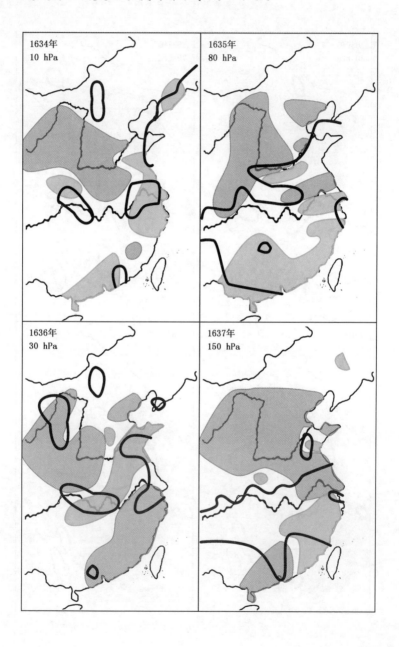

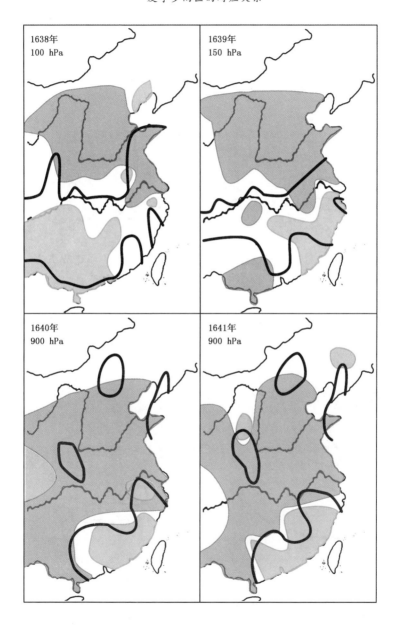

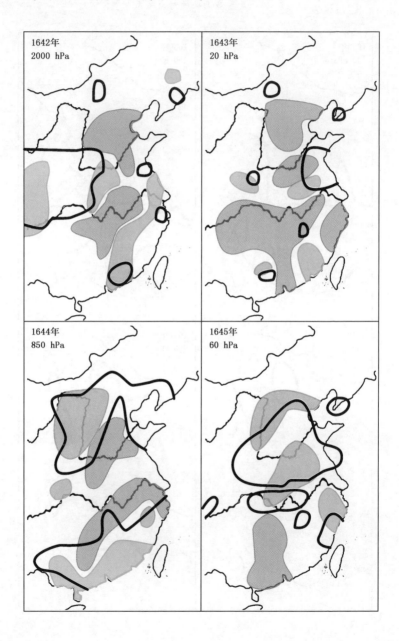

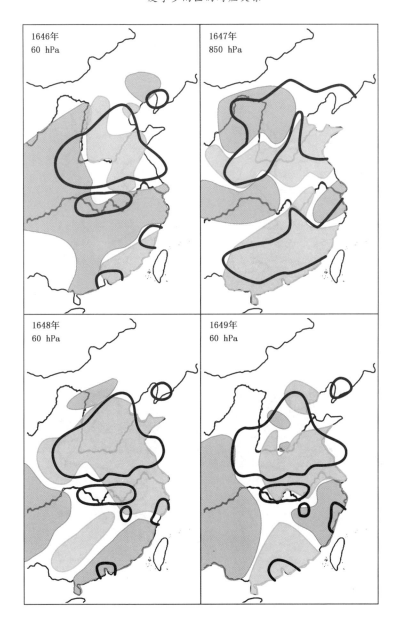

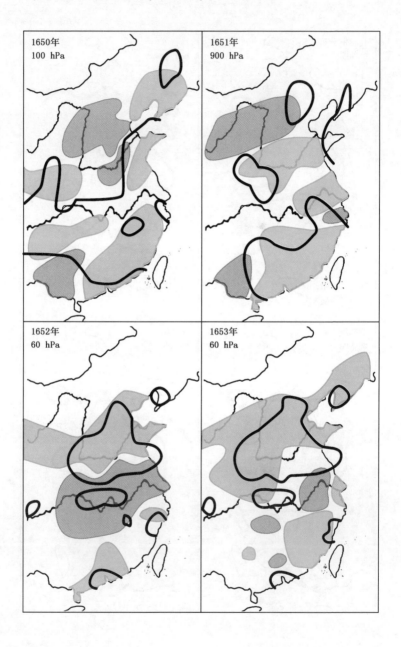

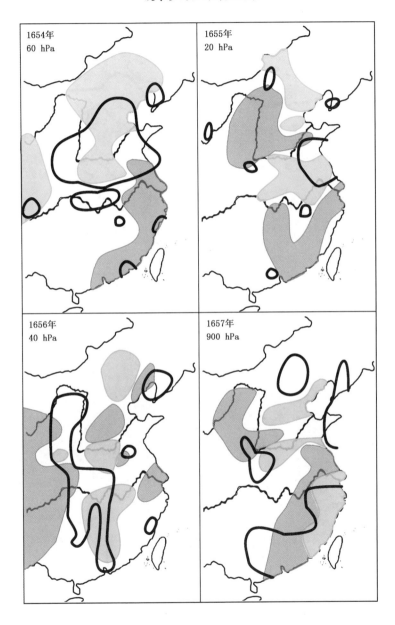

1654年
60 hPa

1655年
20 hPa

1656年
40 hPa

1657年
900 hPa

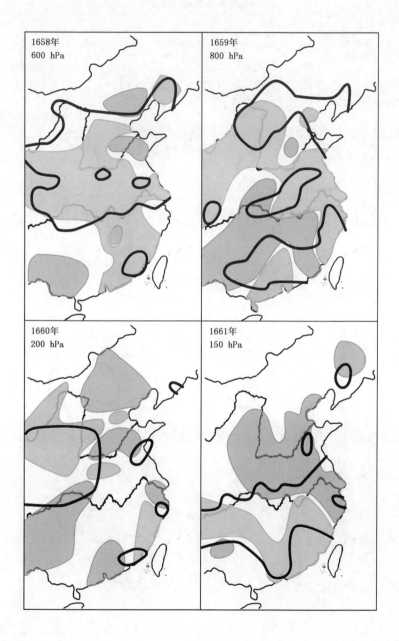

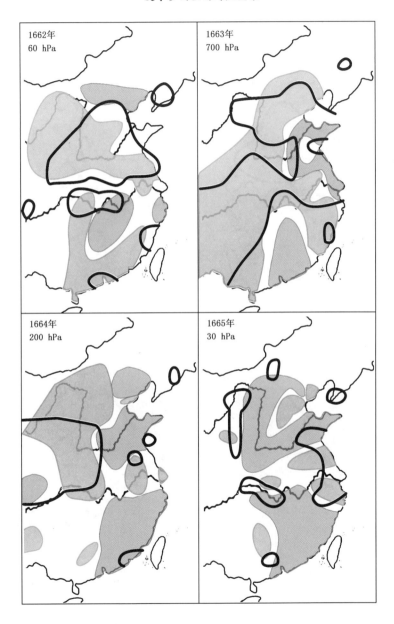

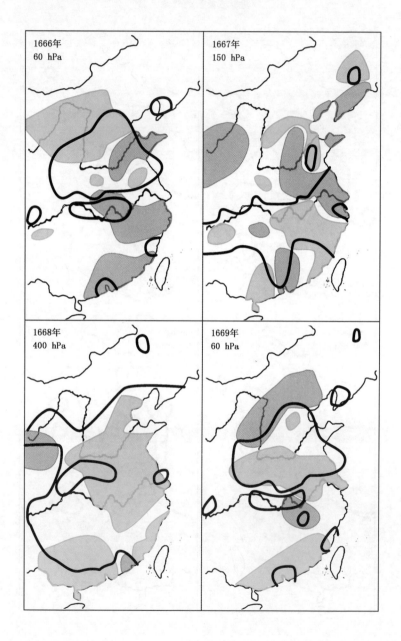

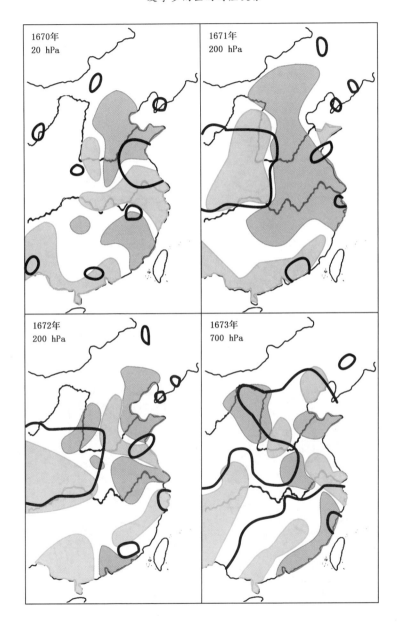

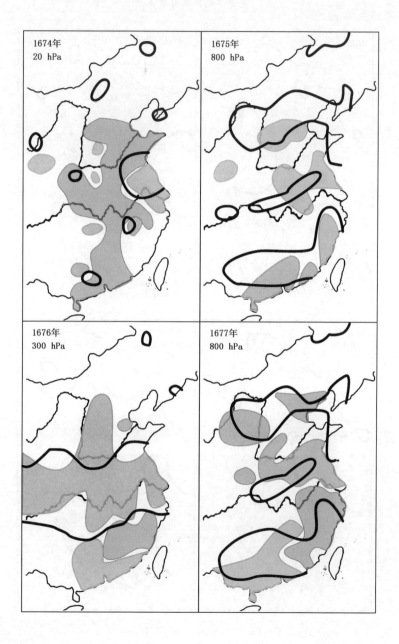

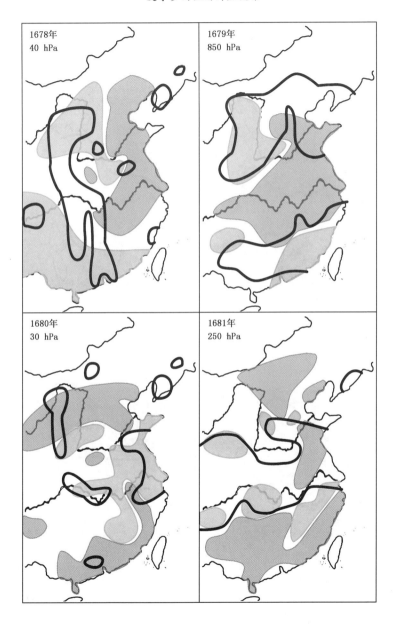

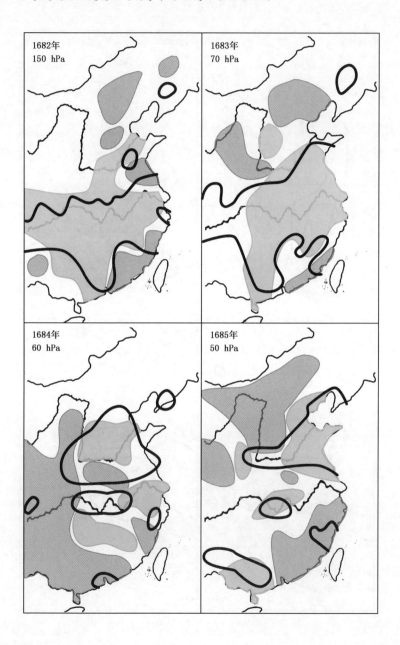

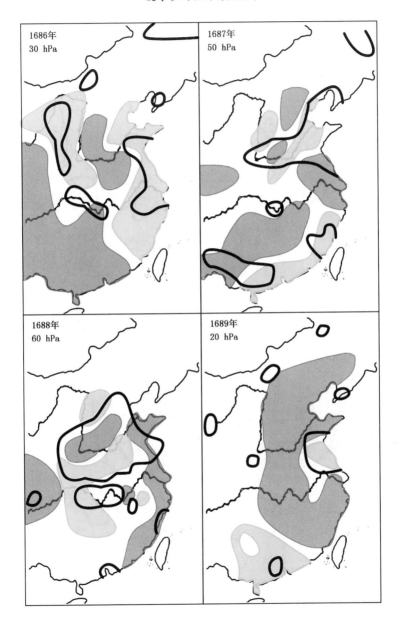

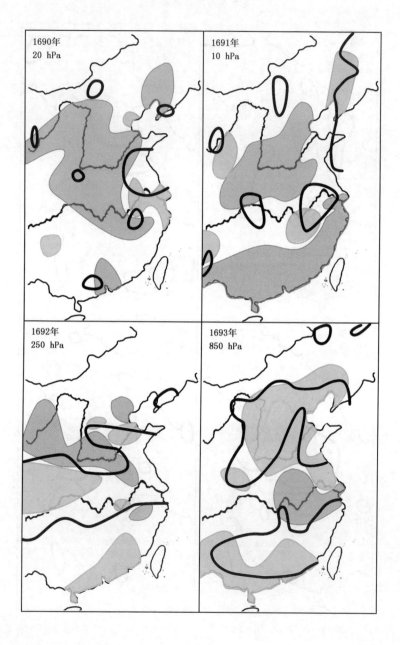

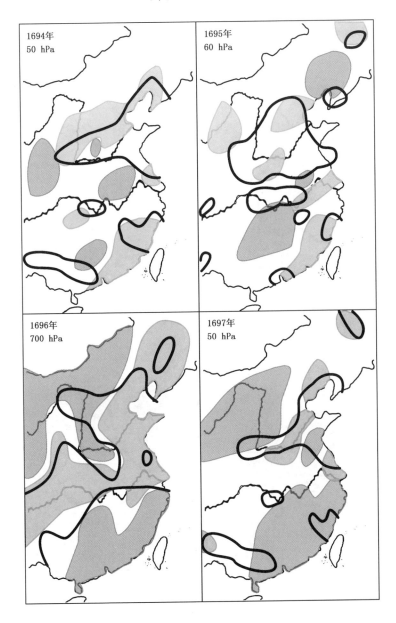

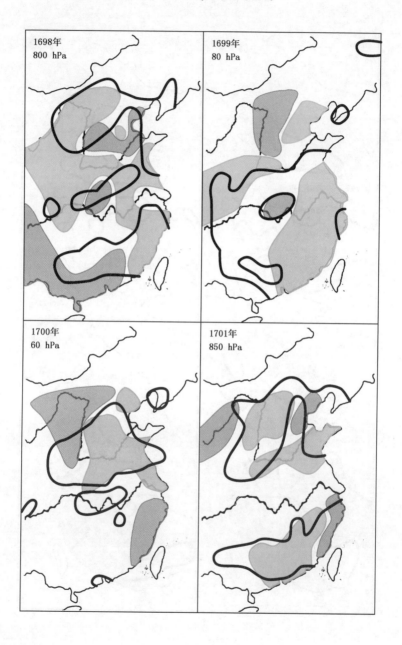

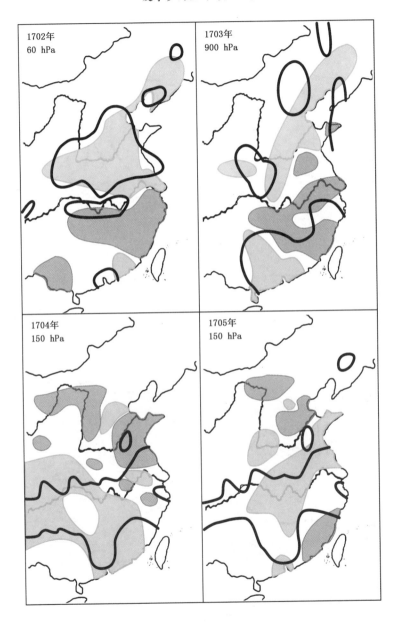

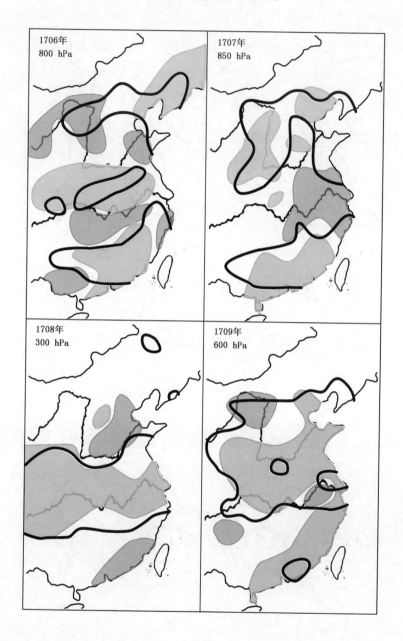

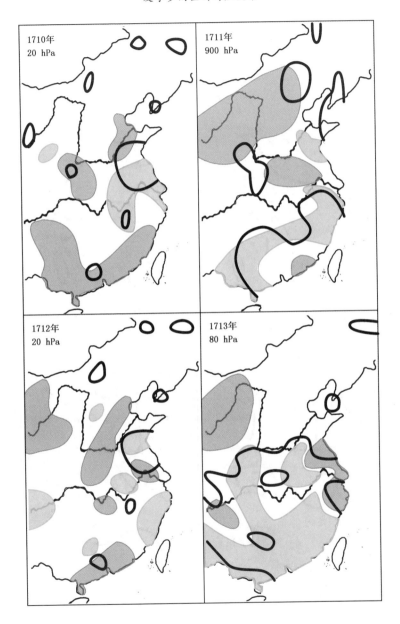

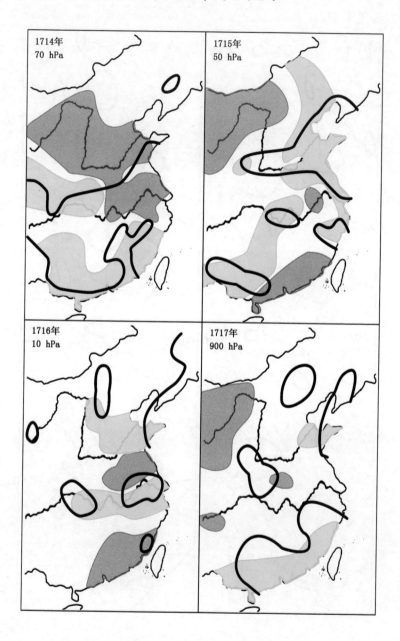

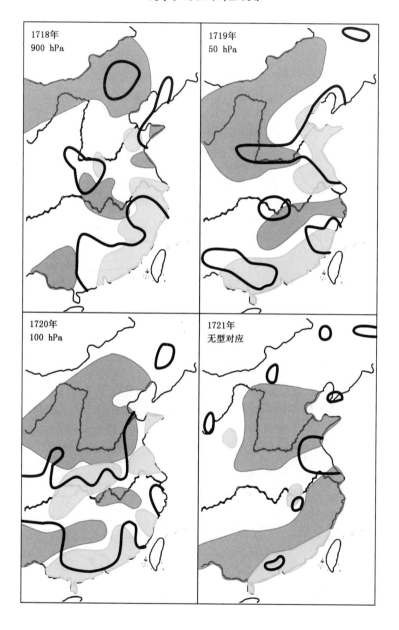

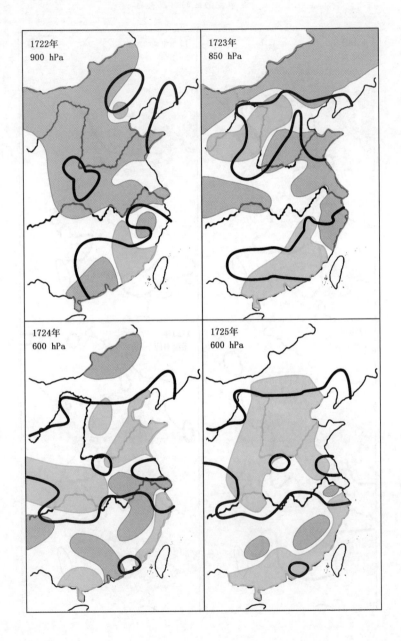

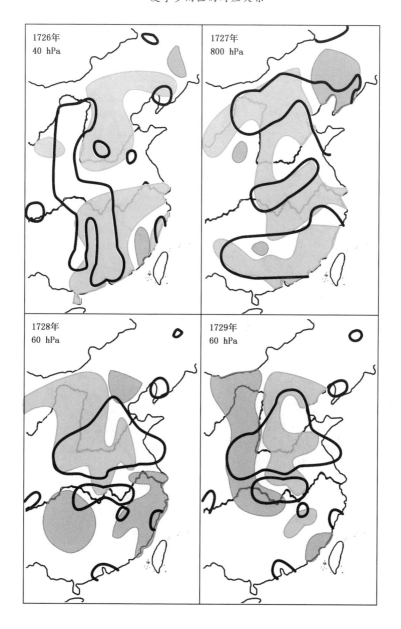

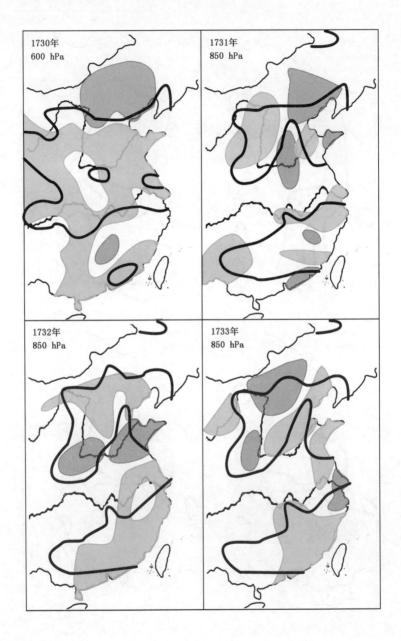

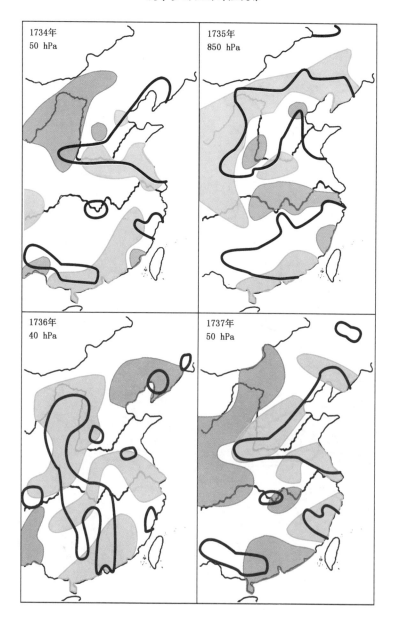

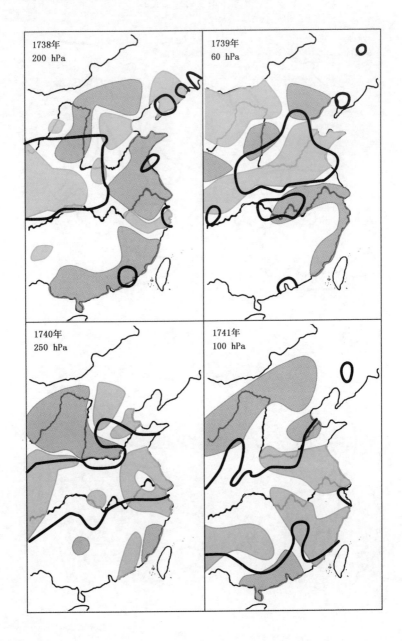

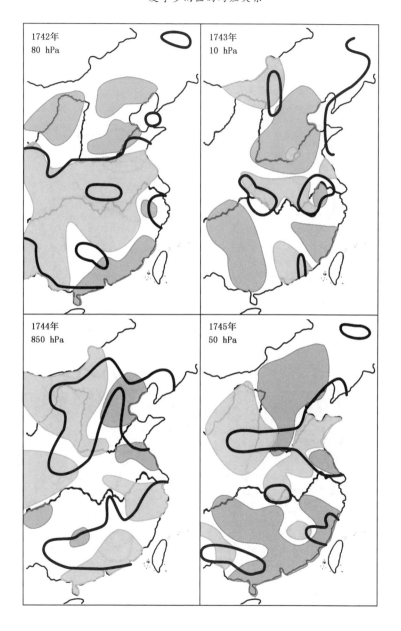

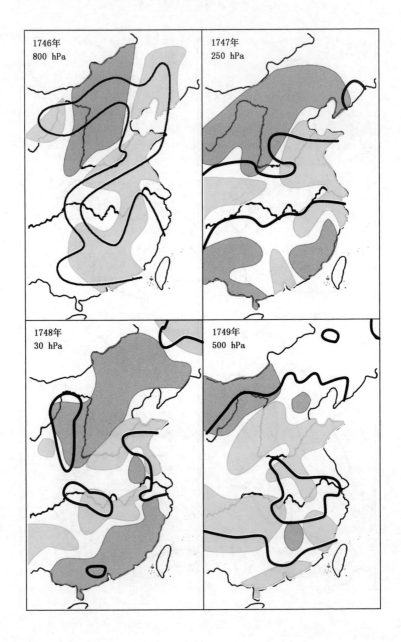

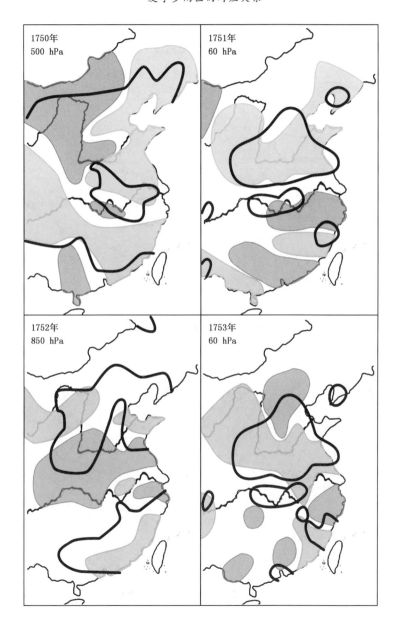

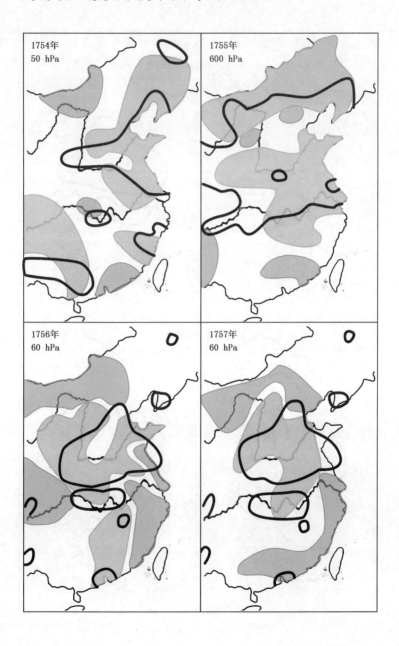

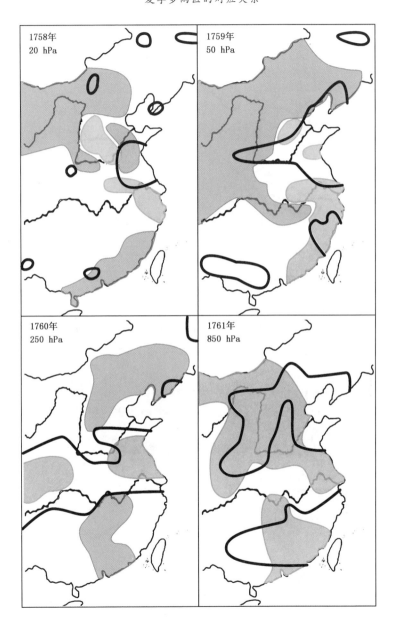

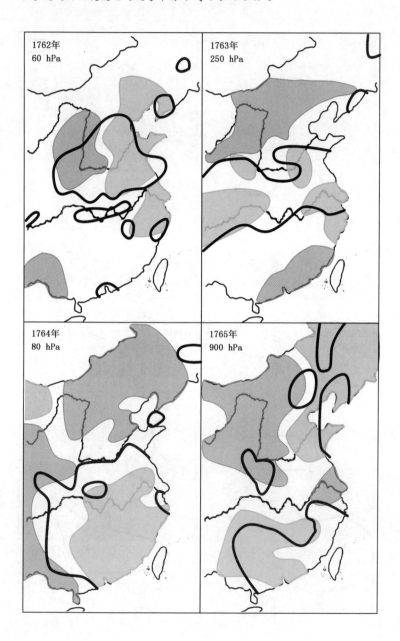

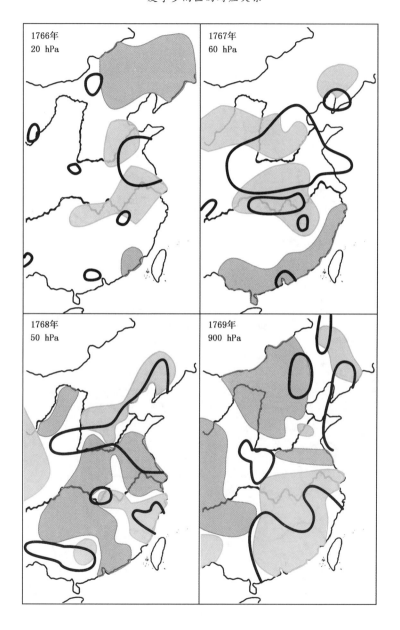

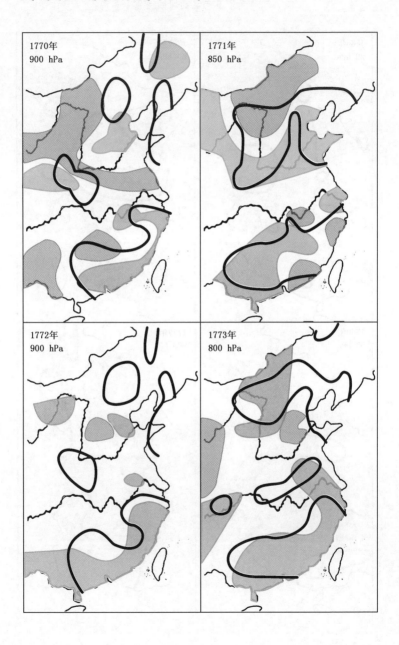

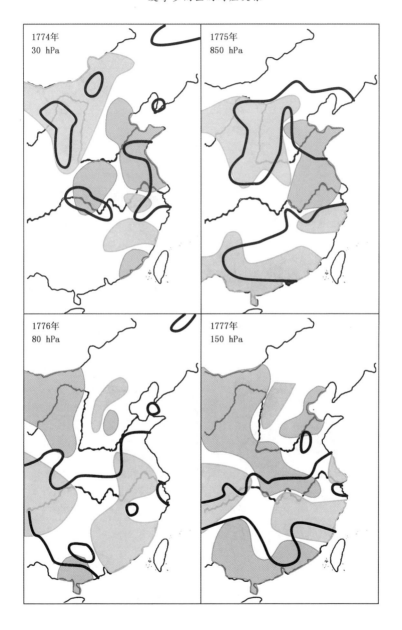

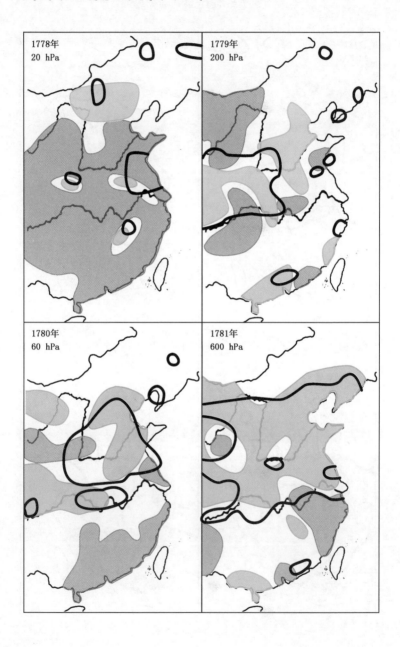

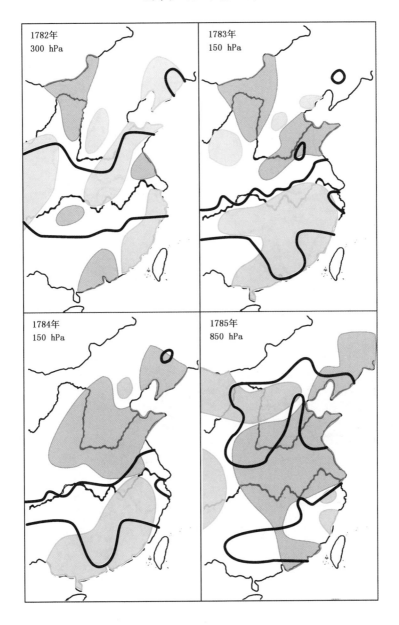

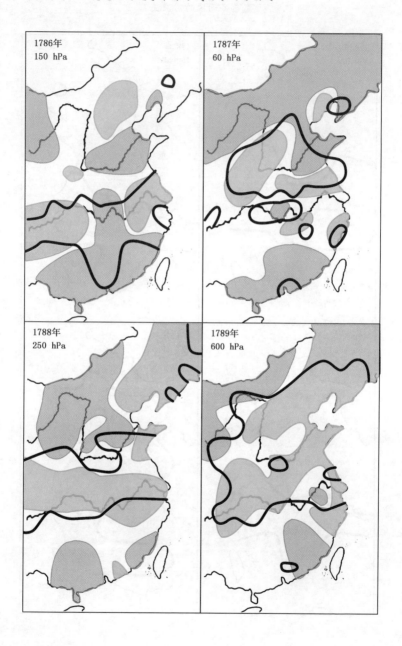

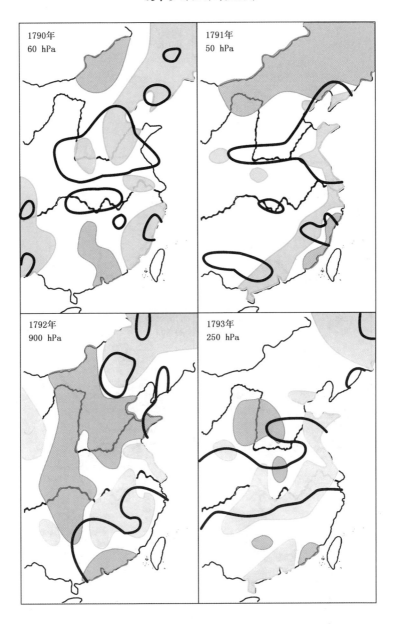

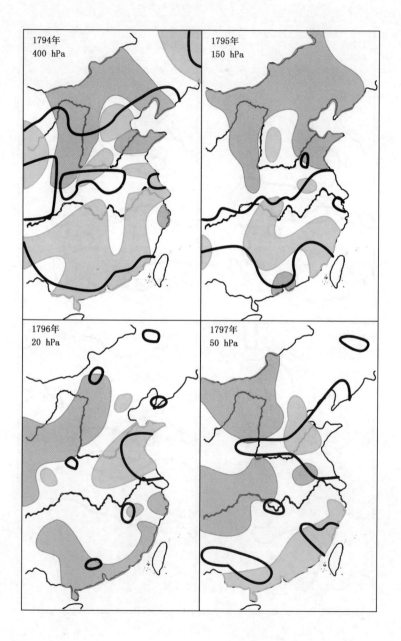

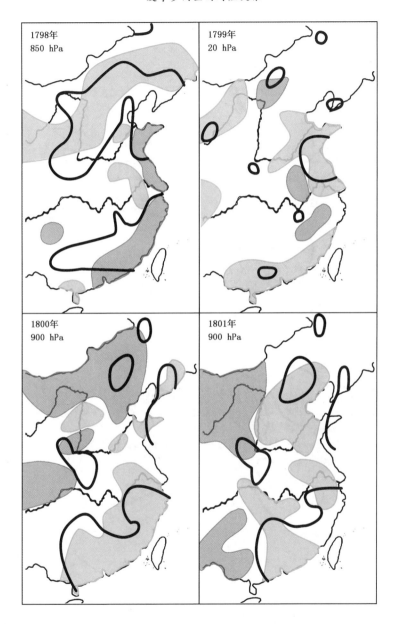

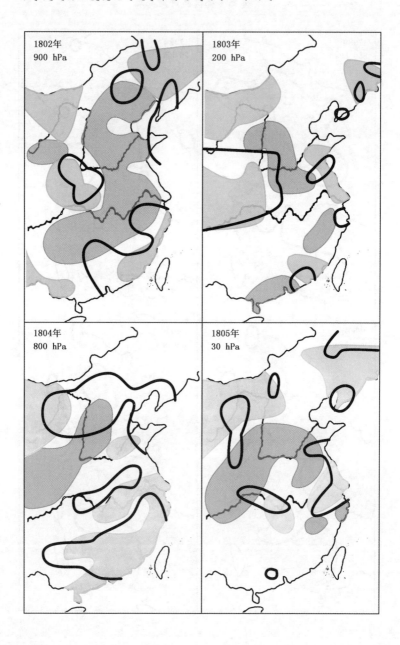

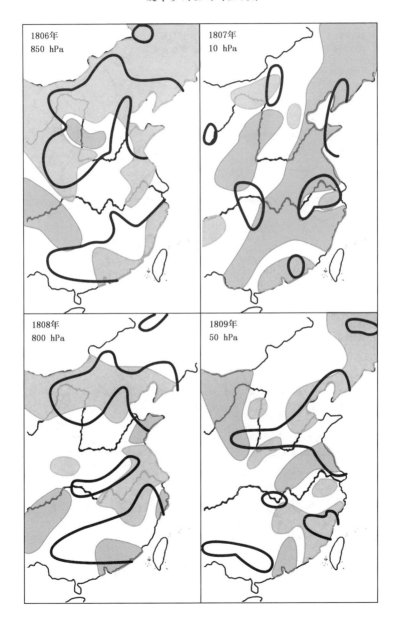

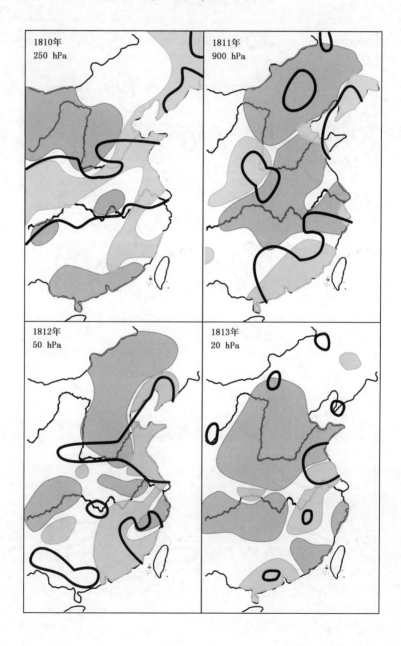

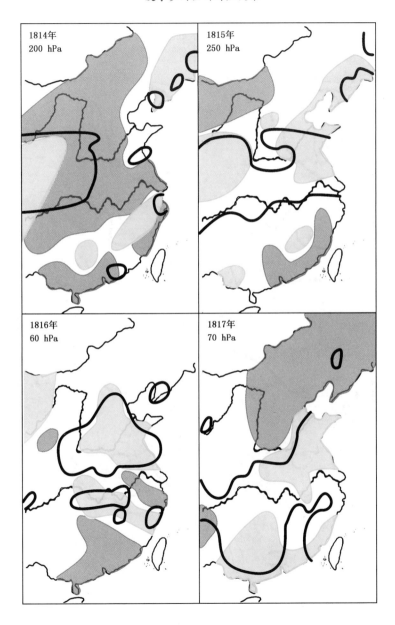

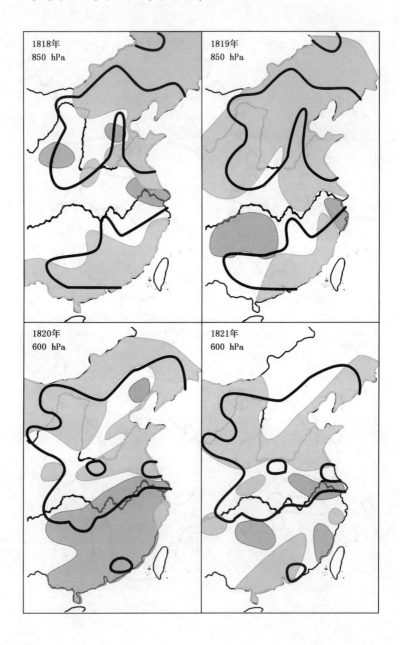

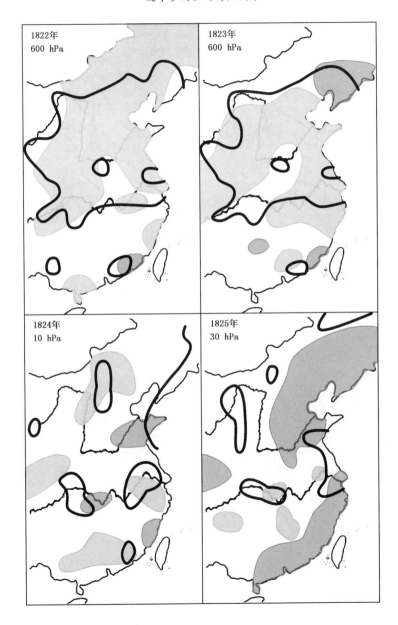

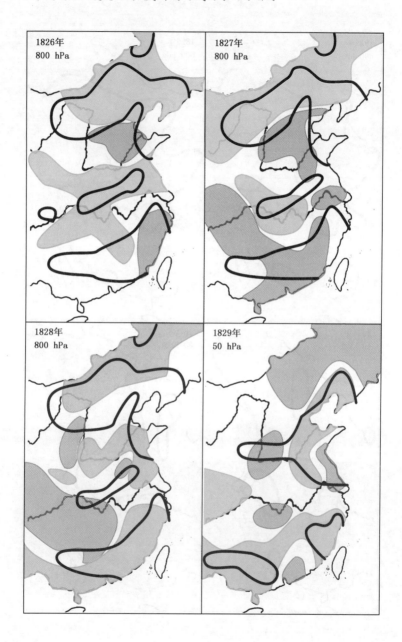

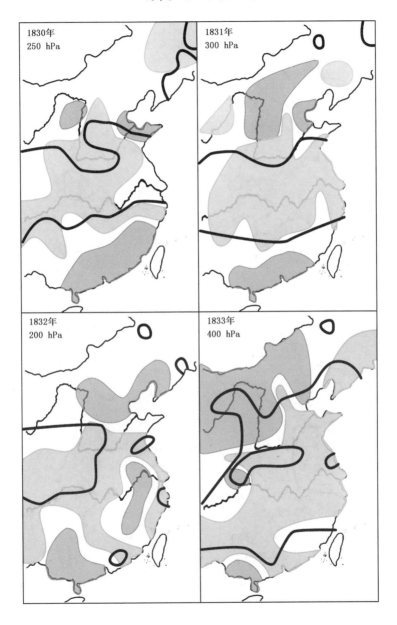

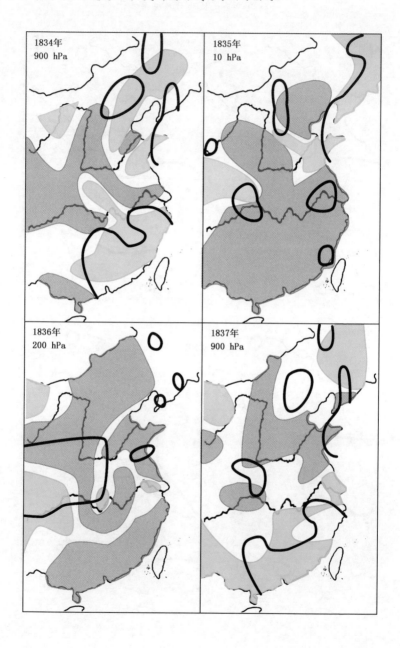

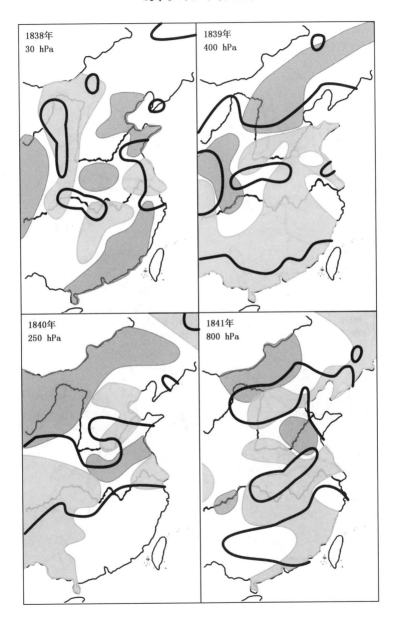

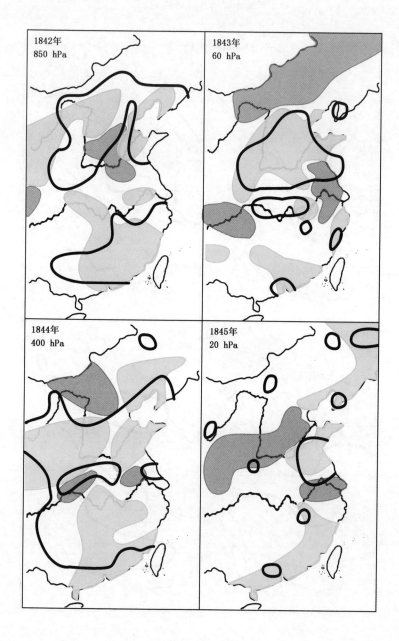

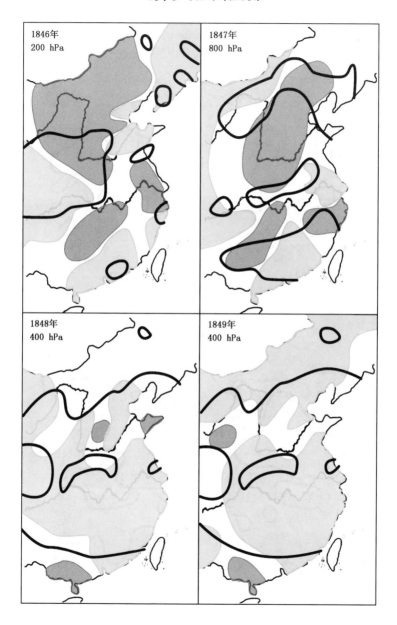

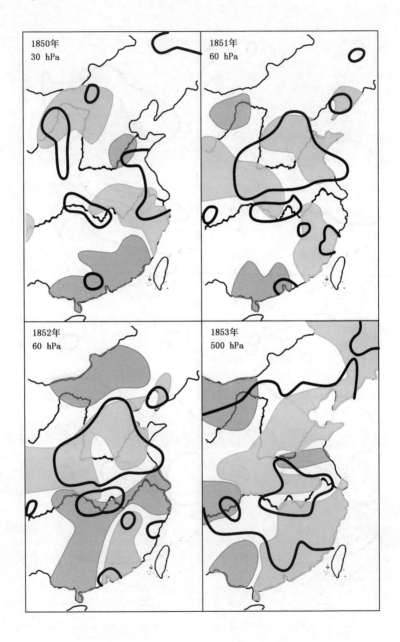

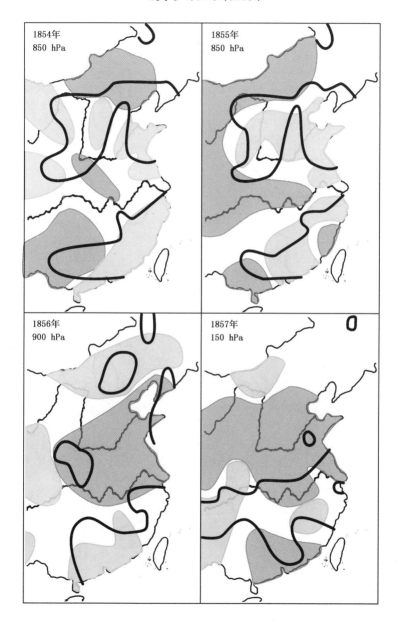

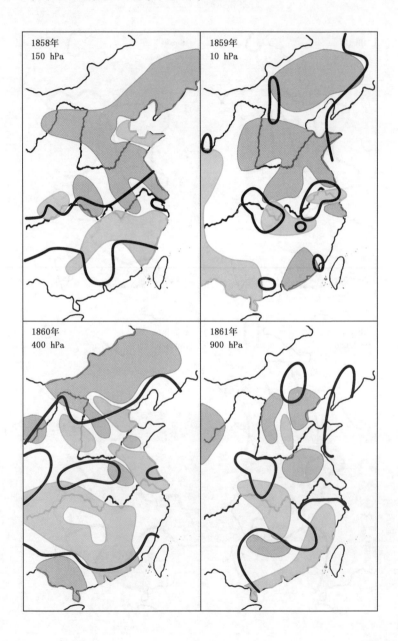

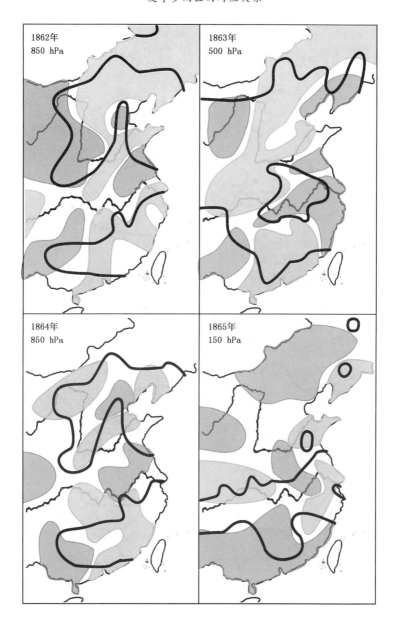

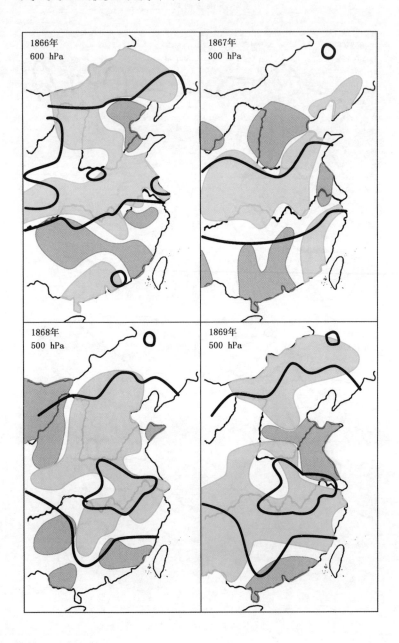

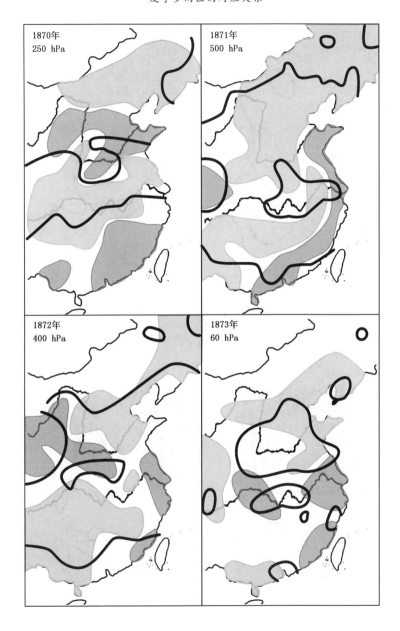

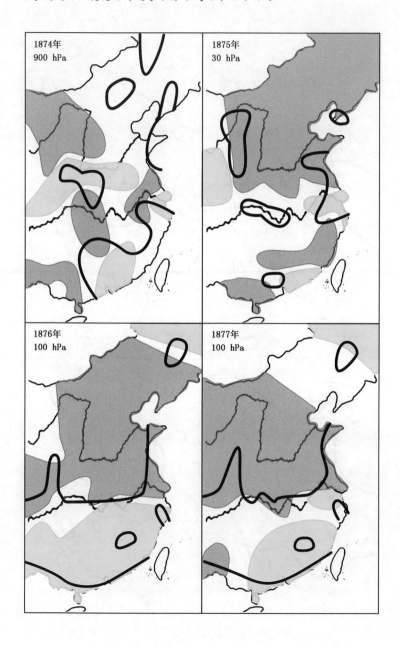

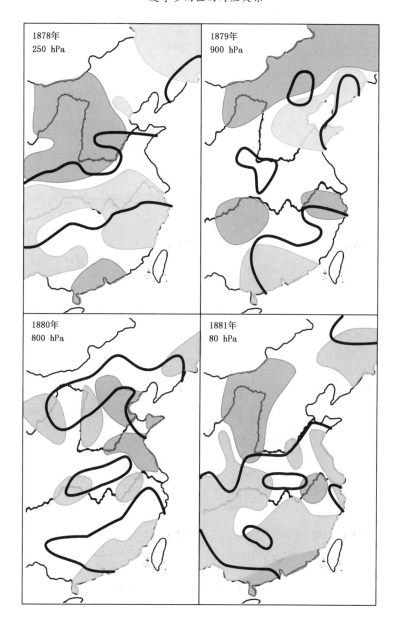

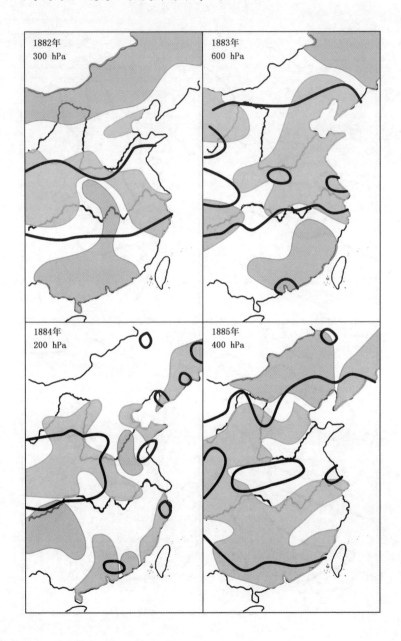

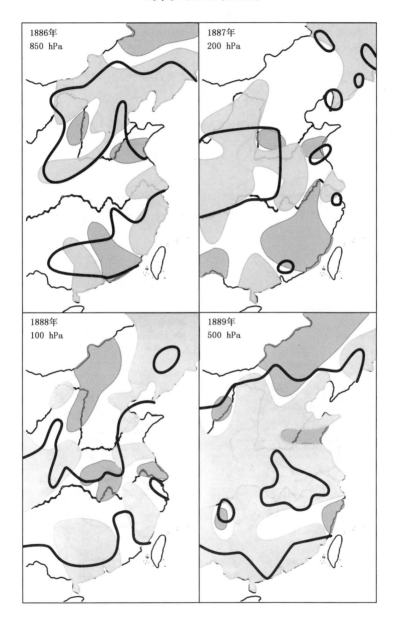

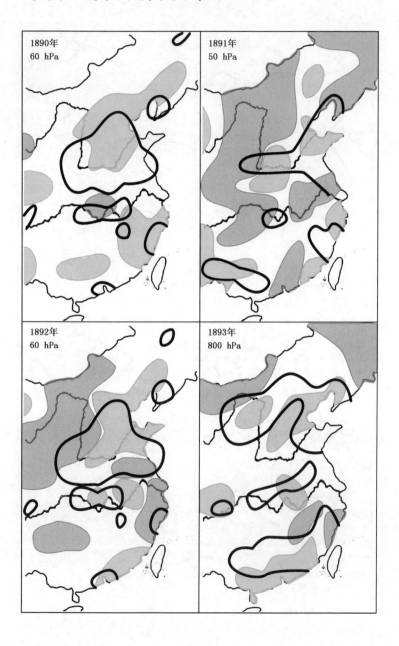

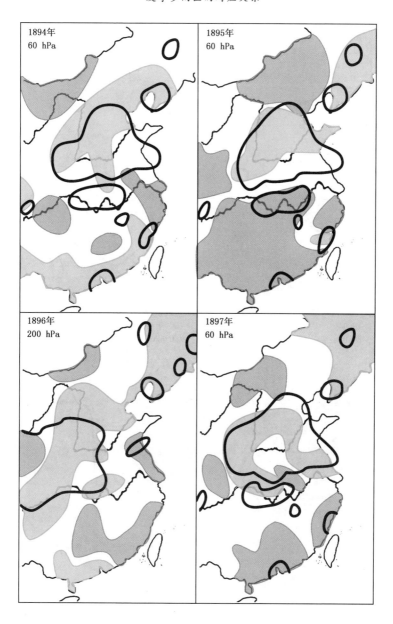

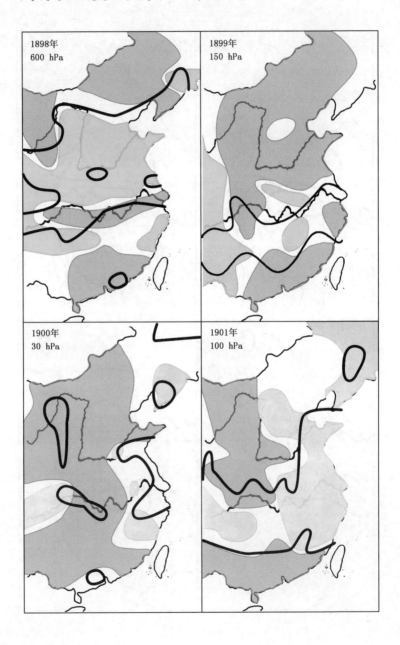

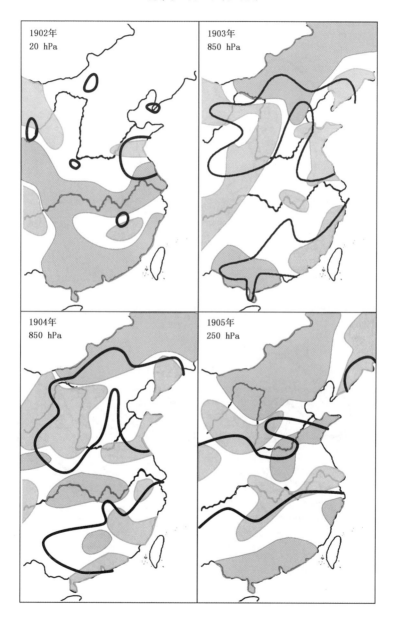

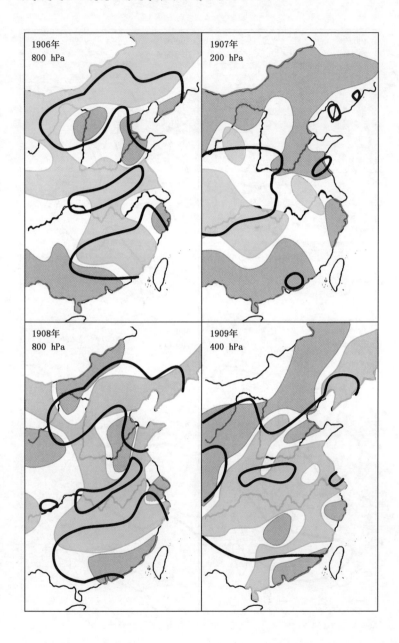

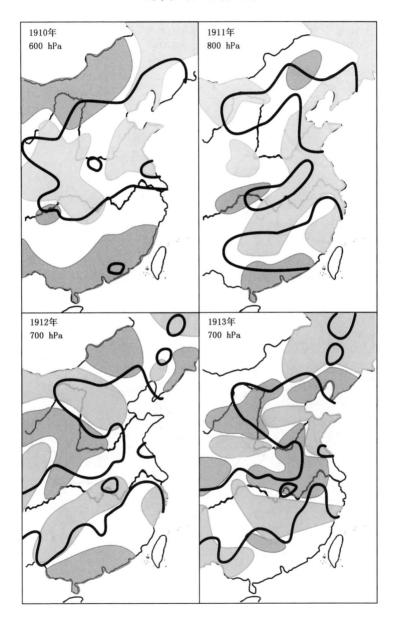

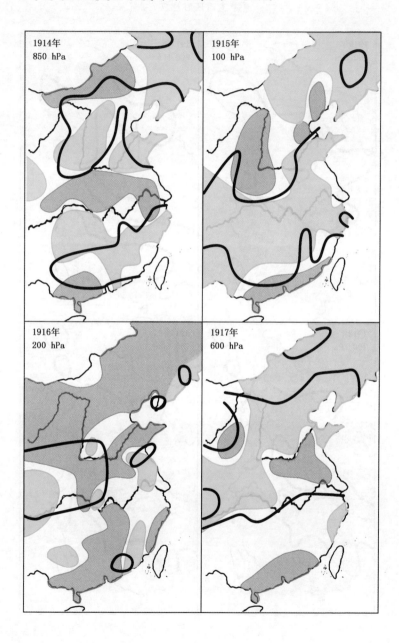

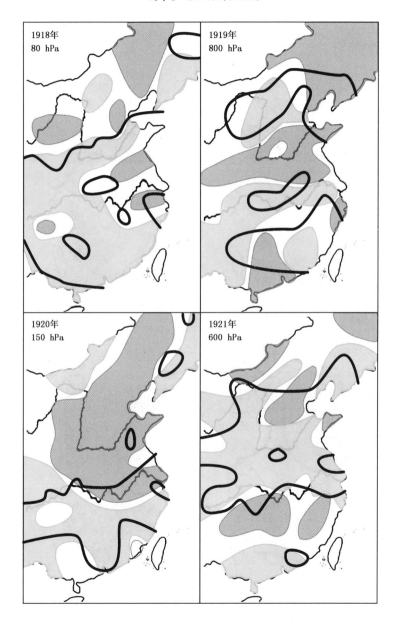

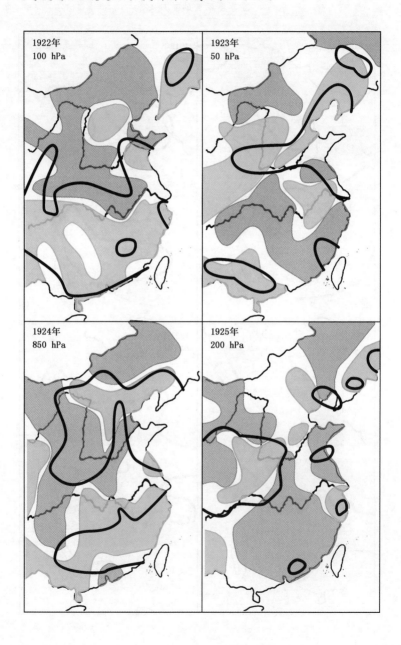

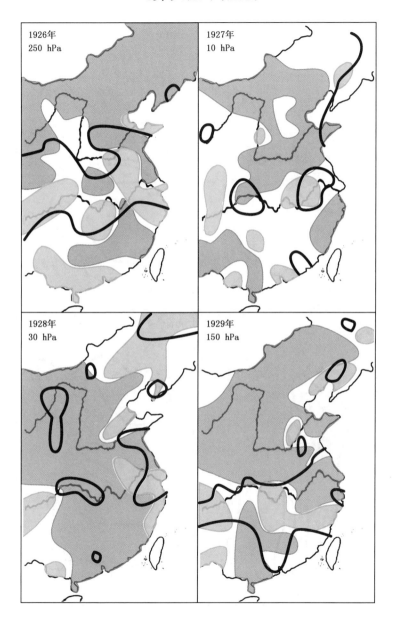

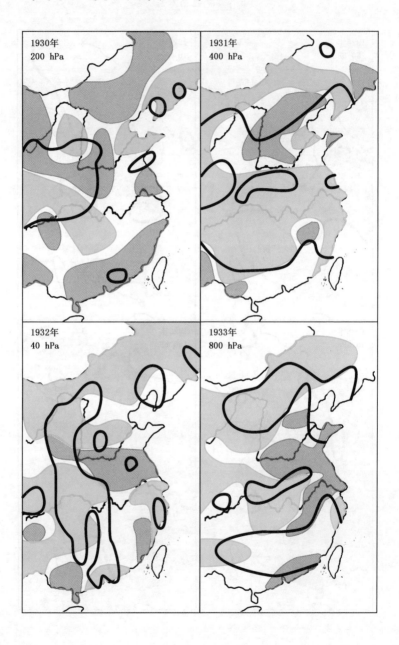

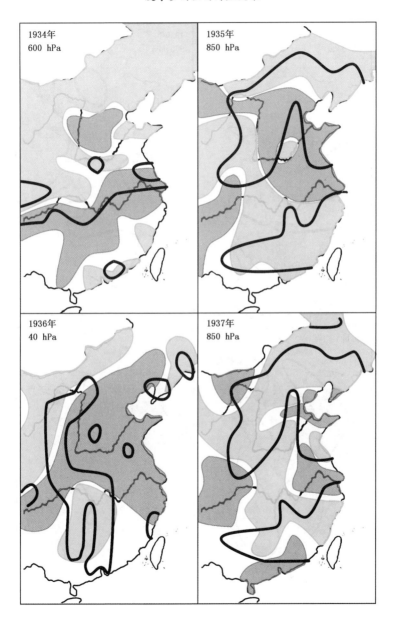

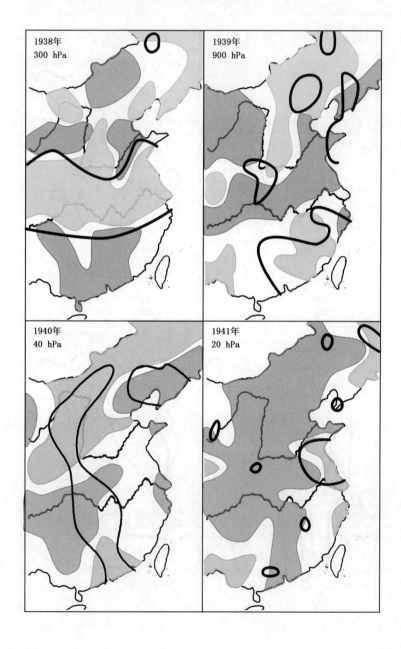

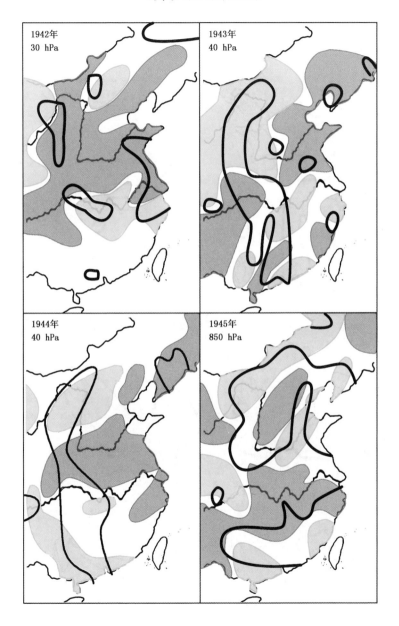

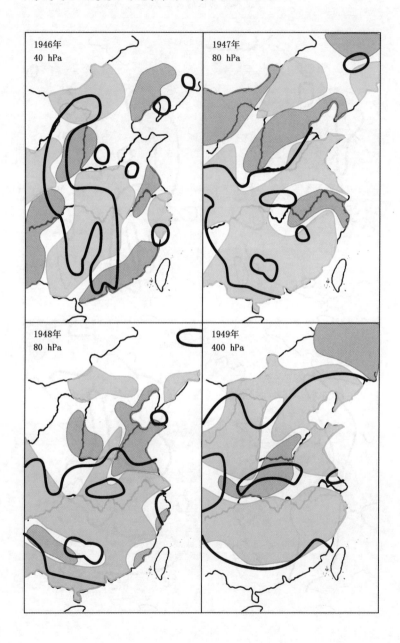

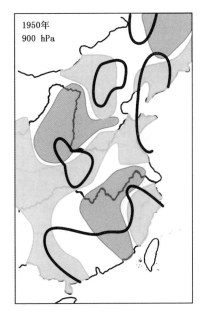

图 2-21　2 月的 30 年(1961—1990 年)平均高温区与
1470—1950 年夏多雨区的对应

第二类资料为 1951—1996 年新中国成立后建立的全国气象观测网记录。第一、二类资料没有严格的可比较性,因此,当把 1470—1950 年的高温区、多雨区与 1951—1996 年同类气象过程相比较时,十分困难。第二类资料得到的对应如图 2-22 所示。

在本章中,为研讨 2 月高温区与 527 年夏季多雨区的面积大小对应程度,且作以下约定:

当高温区面积达到夏季多雨区面积的 50％以上时(指两者重叠时的面积,以下均同),则认定预测是有效或成功的;当重叠面积≤40％时,认定预测是不成功的;重叠面积在 40％～50％时,未加入计算。

按上述约定,计算结果为:

(1)新中国成立前天气观测系统的年份取最早的 301 年(1470—1770 年)计算,预测成功者 195 年,不成功 106 年,成功率约 65％。

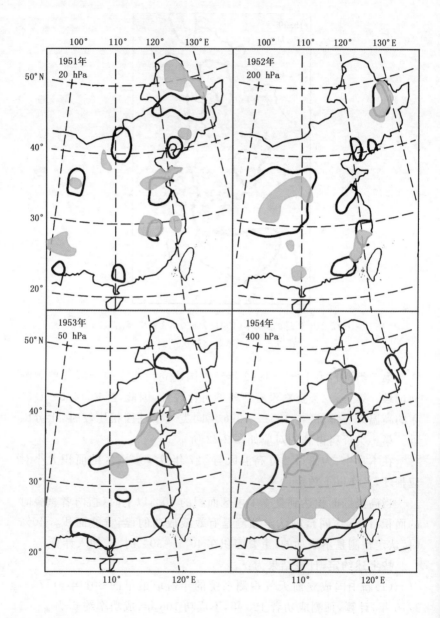

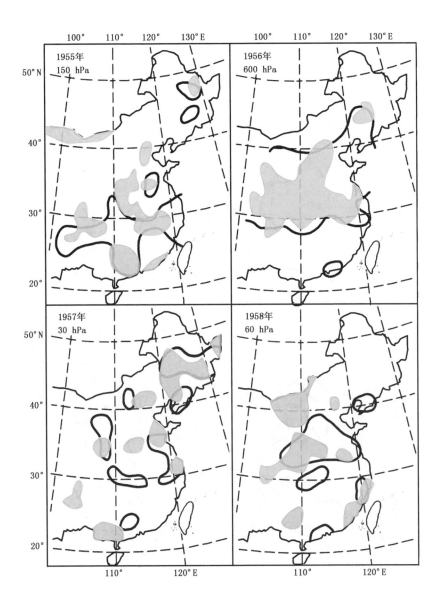

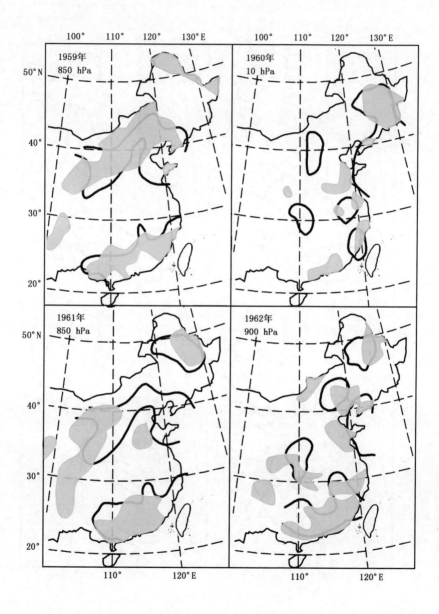

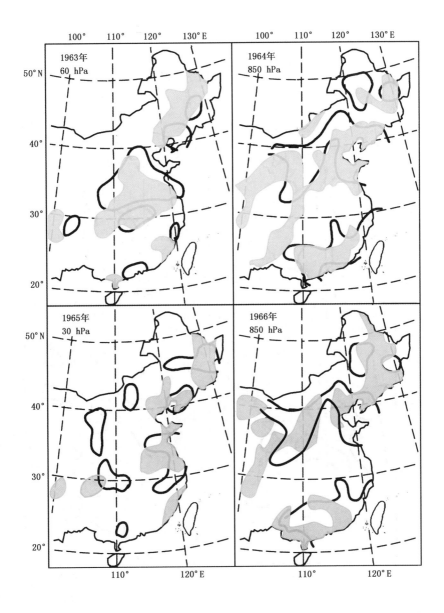

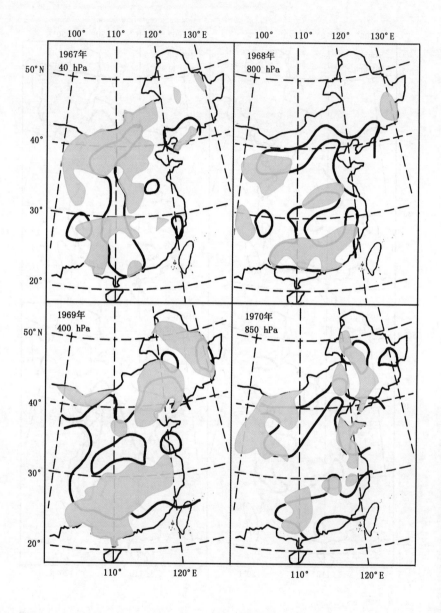

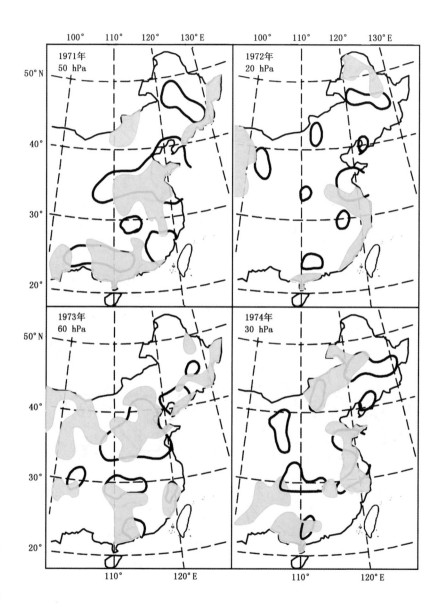

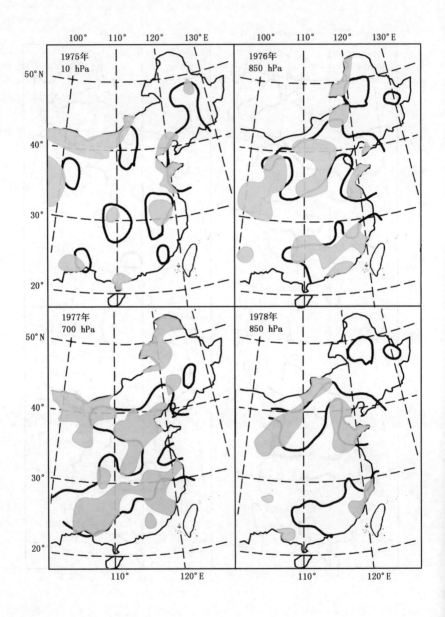

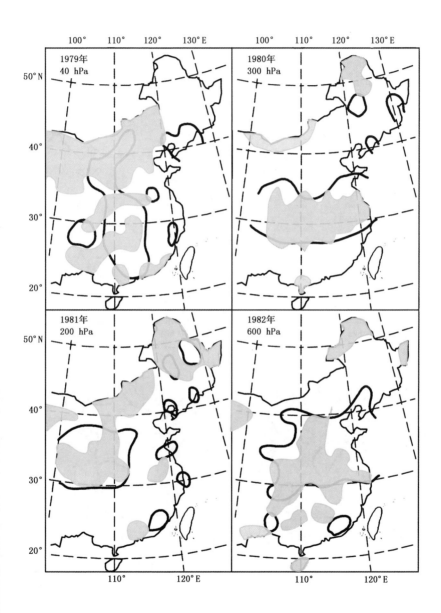

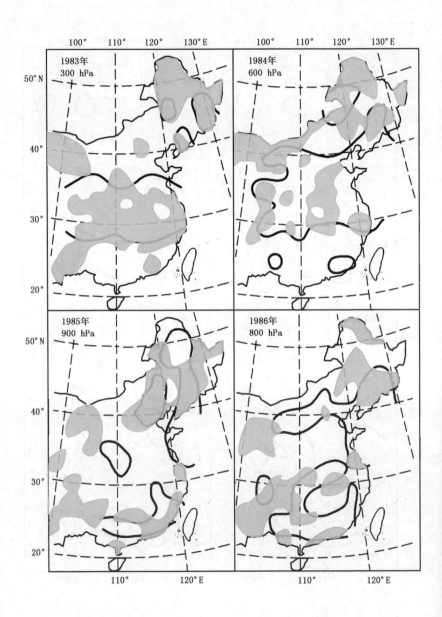

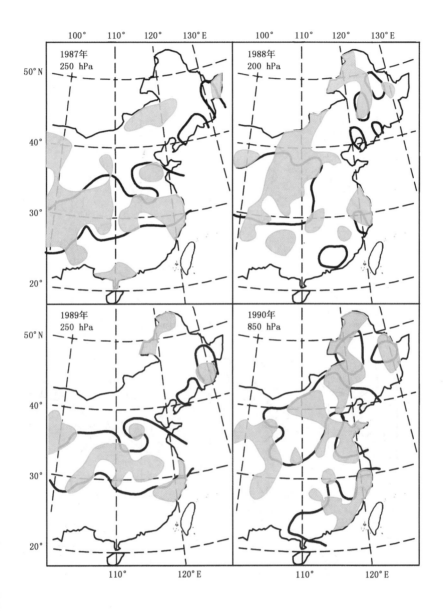

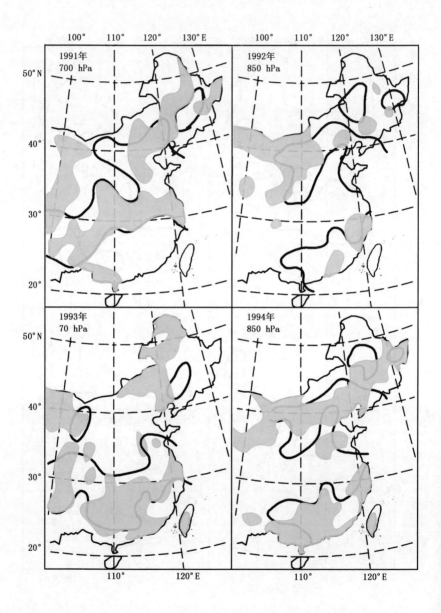

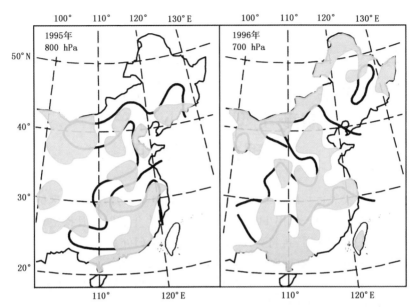

图 2-22　2 月的 30 年(1961—1990 年)平均高温区与 1951—1996 年夏
多雨区的对应(图中实测旱区未着灰色,其他标志与图 2-21 同)

(2)新中国成立后,已有全国气象观测系统的 1951—1996 年共 46
年对应,成功 36 年,不成功 10 年,成功率 78.2%。

以上统计数据可以大体反映出下述问题:

①冬季 2 月高温区约 70% 左右的概率可能预测出夏季多雨区
50% 以上的面积。

②为什么新中国成立后的 46 年 2 月高温区预测夏季多雨区的面
积(或准确率)高于国内没有现代气象观测手段的 1470—1950 年? 也
许可解释为:用已建立现代气象观测网的 1961—1990 年共 30 年的 2
月平均高温区替代 1470—1950 年等近 500 年的没有现代温度观测的
2 月高温区,形成了两者不均等的高温区标准,致使 1470—1950 年间
的冬季高温区对夏季多雨值的预报误差也大于 1951—1996 年间的预
报误差。

第3章　冬季(11 月—翌年 2 月或 12 月—翌年 2 月)逐月大气层高温区的演变类型与最小熵产生原理的预报应用

　　冬季大气每一层从 11 月(或 12 月)到翌年 2 月,其高温区的结构方式都在变化中。当用 11 月—翌年 2 月的当年实时逐月探空记录标出各自的高温区后,再将各层的 2 月的 30 年(1961—1990 年)平均高温区与之进行比较,此时可得出 4 类高温区的变化态:

　　①某月实测的高温区结构与 30 年 2 月平均高温区结构十分相似,规定高温区变化态为"0"。

　　②某月实测的高温区结构与 30 年 2 月平均高温区结构绝大部分相似,其变化态为"1"。

　　③某月实测的高温区结构与 30 年 2 月平均高温区结构大部分相异,其变化态为"2"。

　　④某月实测的高温区结构与 30 年 2 月平均高温区结构完全相异,其变化态为"3"。

　　在上述分析基础上,每一年冬(11 月—翌年 2 月或 12 月—翌年 2 月)逐月的高温区结构变化,可呈现 A、B、C、D 四类:

　　类型 A:11 月—翌年 2 月呈"0→0→0→0"态(12 月—翌年 2 月则呈"0→0→0"态)。"0"变化方式表示每月高温区结构十分相似,处于"0"变化态的静稳中。

　　诺贝尔奖得主比利时化学家普里戈金(I. llya Prigogine)在其《从存在到演化》文中指出:"一根金属棒一端加热、一端冷却,只要两端保持确定的温度 T_1 和 T_2,经过一段时间后,金属棒上就有一个不随时间而变的温度分布,金属棒处于一个稳定状态。系统处于稳定的定态,熵产生 P 取最小值,这就是最小熵产生原理。熵产生最小,可以作为定态的判据"(普里戈金,1986)。

据此,可以判定:在冬季的 4 或 3 个月间,每个月的高温区呈"0"状态(稳定态)变化,即熵产生最小时,2 月已知的高温区即是夏季的多雨态的预测。

类型 B:11 月—翌年 2 月呈"$1 \rightarrow 1 \rightarrow 1 \rightarrow 1$"(或 12 月—翌年 2 月呈"$1 \rightarrow 1 \rightarrow 1$")变化态。

由于变化"1"较之"0"的稳定状态较低,因而"$1 \rightarrow 1 \rightarrow 1 \rightarrow 1$"的预测效果稍低于"$0 \rightarrow 0 \rightarrow 0 \rightarrow 0$",但预测总趋势仍然不变,请参看下一章中 2008 年、2011 年、2013 年三年的预测图表与效果。

类型 C:11 月—翌年 2 月呈"$3 \rightarrow 2 \rightarrow 1 \rightarrow 0$"变化态(12 月—翌年 2 月则呈"$3 \rightarrow 2 \rightarrow 0$"或"$3 \rightarrow 2 \rightarrow 1$"态)。这类气候变化处于演变而非稳定中,但演变的最终结果是"0"或"1"——稳定于某类高温区结构形态,这类高温区正是 2 月的 30 年平均高温区状态。下一章中的 2009 年及 2012 年两年的预报实例可供参考。

类型 D:除去 A、B、C 三型外,其他各型均归 D 型,如"$2 \rightarrow 1 \rightarrow 1 \rightarrow 3,2 \rightarrow 3 \rightarrow 2 \rightarrow 2,3 \rightarrow 3 \rightarrow 3 \rightarrow 1 \rightarrow 3 \cdots$"或"$2 \rightarrow 3 \rightarrow 2,1 \rightarrow 2 \rightarrow 3 \cdots$"。

D 型造成的 11 月—翌年 2 月(或 12 月—翌年 2 月)高温区的演变过程不能构成熵产生最小,不能使 2 月 30 年的平均高温区持续至夏季成为多雨区的模型,它只能形成没有预测夏季降水功能的一类信号。

因此,当我们计算分析 20 层大气的冬季各层高温区的变化态时,只能有其中一层成为 A、B、C 型三者中的某一型。同时,也必然在 19 层大气中成为 D 型的缺乏预测功能的 19 种变化态。

这是我们从 6 年(2008—2013 年)夏季气候预测试验中得出的部分认识。2014 年预测已于 3 月初完成,但整个夏季的降水实况要到 2014 年 8 月末才能得到,因此,对 2014 年的评定,只好留待 9 月以后了。

第 4 章　2008—2013 年夏季旱涝预测与存在的问题

4.1　2008 年夏季旱涝预测分析图

自 2007 年 12 月起至 2008 年 2 月止,共有 925 hPa、850 hPa、700 hPa、500 hPa、400 hPa、300 hPa、200 hPa、150 hPa 等八层探空资料,按图 1-1 方法分别计算各层大气温度,其分析结果如图 4-1 所示。其中每幅小图的右上角文字标出 12 月—翌年 2 月三个月高温区结构的变化态,每页图右下角注明对夏季降水有无预测功能。图 4-2 给出了2008 年夏季多雨区的预报和实况对比情况。图 4-1 和图 4-2 如下:

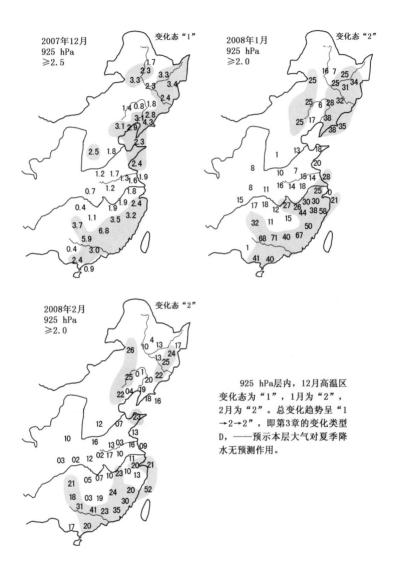

925 hPa 层内，12月高温区变化态为"1"，1月为"2"，2月为"2"。总变化趋势呈"1→2→2"，即第3章的变化类型 D，——预示本层大气对夏季降水无预测作用。

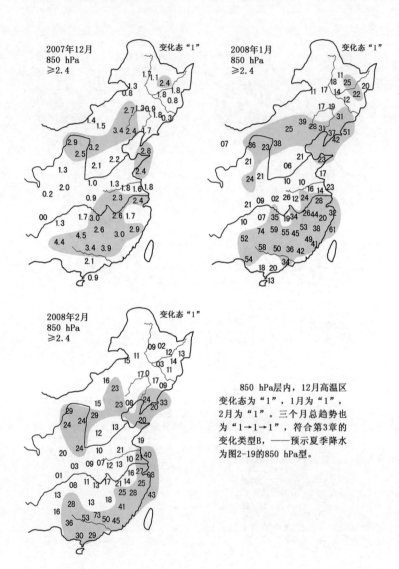

850 hPa层内，12月高温区变化态为"1"，1月为"1"，2月为"1"。三个月总趋势也为"1→1→1"，符合第3章的变化类型B，——预示夏季降水为图2-19的850 hPa型。

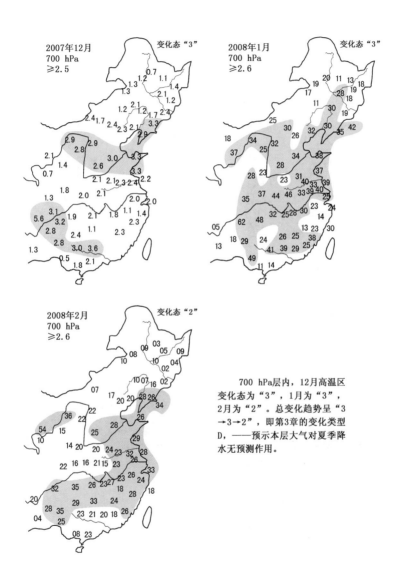

700 hPa层内，12月高温区变化态为"3"，1月为"3"，2月为"2"。总变化趋势呈"3→3→2"，即第3章的变化类型D，——预示本层大气对夏季降水无预测作用。

500 hPa层内，12月高温区变化态为"2"，1月为"2"，2月为"3"。总变化趋势呈"2→2→3"，即第3章的变化类型D，——预示本层大气对夏季降水无预测作用。

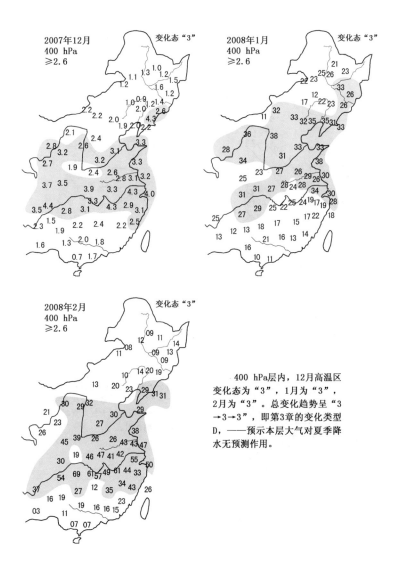

400 hPa层内，12月高温区变化态为"3"，1月为"3"，2月为"3"。总变化趋势呈"3→3→3"，即第3章的变化类型D，——预示本层大气对夏季降水无预测作用。

2007年12月
300 hPa
≥2.5

变化态"2"

2008年1月
300 hPa
≥2.5

变化态"2"

2008年2月
300 hPa
≥2.5

变化态"2"

300 hPa层内，12月高温区变化态为"2"，1月为"2"，2月为"2"。总变化趋势呈"2→2→2"，即第3章的变化类型D，——预示本层大气对夏季降水无预测作用。

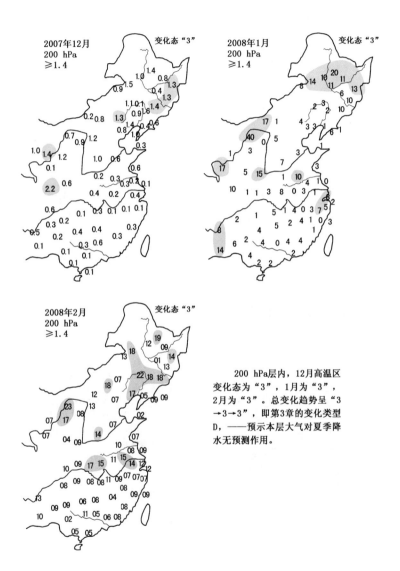

200 hPa层内，12月高温区变化态为"3"，1月为"3"，2月为"3"。总变化趋势呈"3→3→3"，即第3章的变化类型D，——预示本层大气对夏季降水无预测作用。

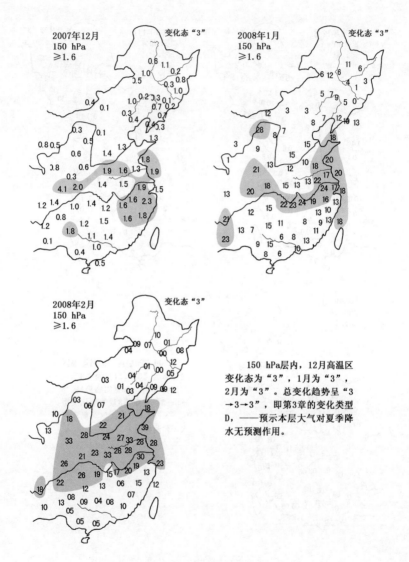

图 4-1　2008 年夏季降水预测分析图（8 层）

150 hPa层内，12月高温区变化态为"3"，1月为"3"，2月为"3"。总变化趋势呈"3→3→3"，即第3章的变化类型D，——预示本层大气对夏季降水无预测作用。

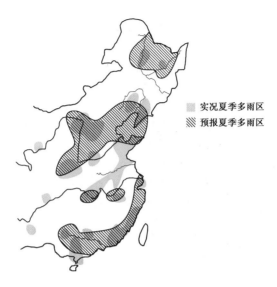

图 4-2　预报 2008 年夏季多雨区与实况多雨区对比

4.2　2009 年夏季旱涝预测分析图

　　自 2008 年 12 月至 2009 年 2 月,共有 850 hPa、700 hPa、500 hPa、400 hPa、300 hPa、200 hPa、150 hPa 等七层探空资料,其计算分析结果如图 4-3 所示。其每幅小图的右上角文字标出 12 月—翌年 2 月高温区变化态,每页图的右上角注明对夏季降水有无预测功能。图 4-4 给出了 2009 年夏季多雨区预报和实况对比情况。

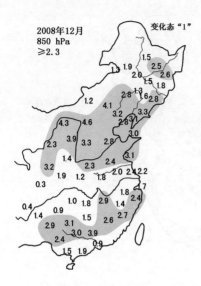

850 hPa层内，12月高温区变化态为"1"，1月为"2"，2月为"3"。总变化趋势呈"1→2→3"，即第3章的变化类型D，——预示本层大气对夏季降水无预测作用。

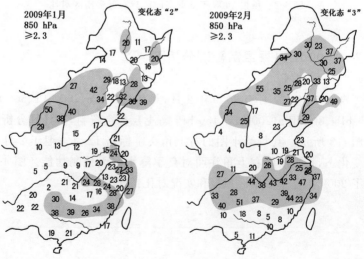

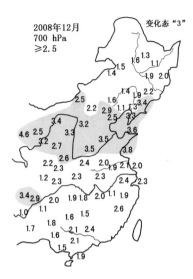

700 hPa层内，12月高温区变化态为"3"，1月为"2"，2月为"1"。即第3章的变化类型C，——预示本层大气将以2月30年平均的700 hPa层高温结构形成夏季多雨区。

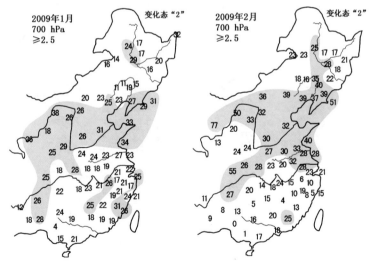

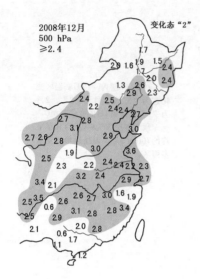

2008年12月
500 hPa
≥2.4

变化态"2"

500 hPa层内，12月高温区变化态为"2"，1月为"2"，2月为"2"。总变化趋势呈"2→2→2"，即第3章的变化类型D，——预示本层大气对夏季降水无预测作用。

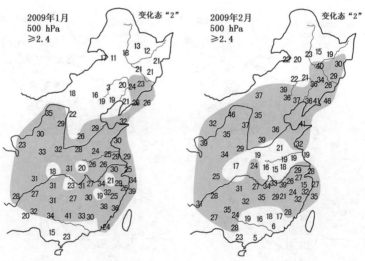

2009年1月
500 hPa
≥2.4

变化态"2"

2009年2月
500 hPa
≥2.4

变化态"2"

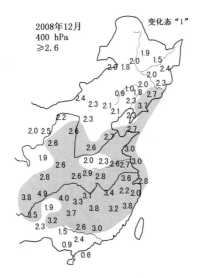

400 hPa层内，12月高温区变化态为"1"，1月为"1"，2月为"2"。总变化趋势呈"1→1→2"，即第3章的变化类型 D，——预示本层大气对夏季降水无预测作用。

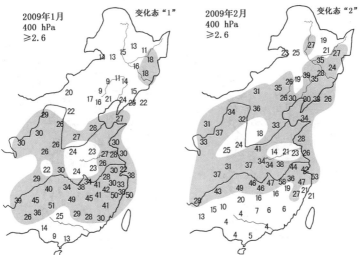

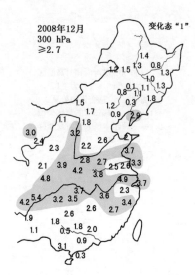

300 hPa层内，12月高温区变化态为"1"，1月为"1"，2月为"2"。总变化趋势呈"1→1→2"，即第3章的变化类型D，——预示本层大气对夏季降水无预测作用。

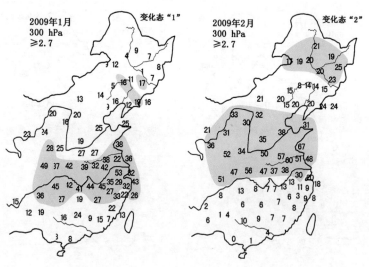

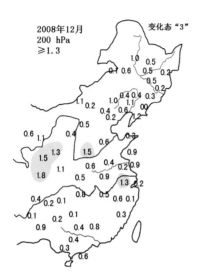

200 hPa 层内，12月高温区变化态为"3"，1月为"2"，2月为"2"。总变化趋势呈"3→2→2"，即第3章的变化类型 D，——预示本层大气对夏季降水无预测作用。

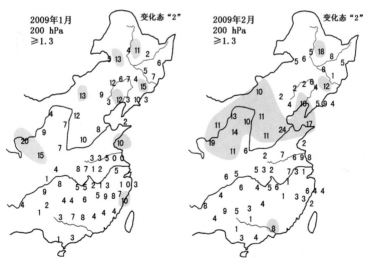

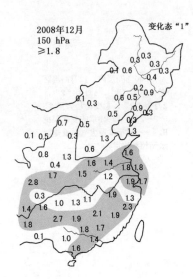

150 hPa层内，12月高温区变化态为"1"，1月为"2"，2月为"3"。总变化趋势呈"1→2→3"，即第3章的变化类型D，——预示本层大气对夏季降水无预测作用。

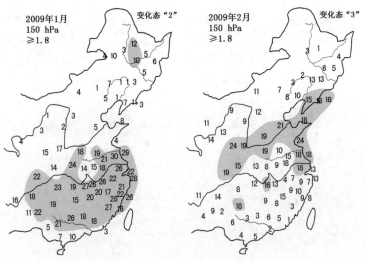

图4-3　2009年夏季降水预测分析图(7层)

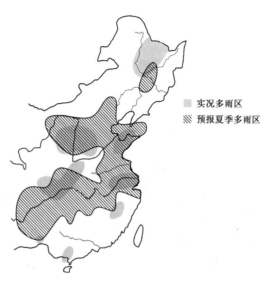

实况多雨区
预报夏季多雨区

图 4-4　预报 2009 年夏季多雨区与实况多雨区对比

4.3　2010 年夏季旱涝预测分析图

2010 年 1—3 月共获得 850 hPa、700 hPa、500 hPa 及 300 hPa 四层探空资料。计算分析结果,四层探空记录没有任一层的高温区变化态符合上一章总结的三类变化态之一。即没有一层的变化态为"0→0→0","1→1→1"或为"3→2→1",因此,以上四层均无预测功能,如图 4-5 所示。

四层资料太少,没有到手的另外 16 层中难道就没有一层符合高温区变化的要求吗?为此在夏季多雨区已绘出后,将春季的 900 hPa 高温区或 10 hPa 高温区叠绘在多雨实况图上,结果表明:对 2010 年而言,900 hPa 或 10 hPa 可基本预测出夏季的多雨区分布,如图 4-6 所示。

2010年1月
850 hPa
≥2.8
变化态"2"

2010年2月
850 hPa
≥2.8
变化态"3"

2010年3月
850 hPa
≥2.6
变化态"3"

850 hPa层内，1月高温区变化态为"2"，2月为"3"，3月为"3"。总变化趋势呈"2→3→3"，即第3章的变化类型D，——预示本层大气对夏季降水无预测作用。

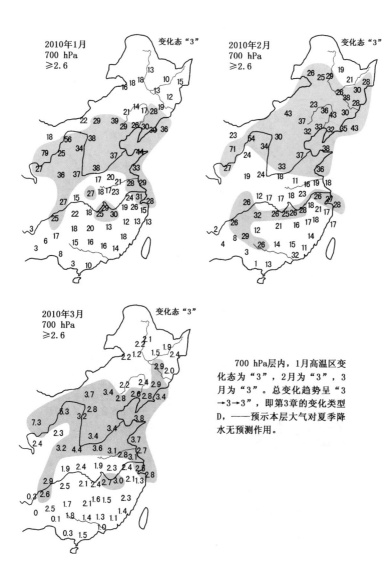

700 hPa 层内，1月高温区变化态为"3"，2月为"3"，3月为"3"。总变化趋势呈"3→3→3"，即第3章的变化类型D，——预示本层大气对夏季降水无预测作用。

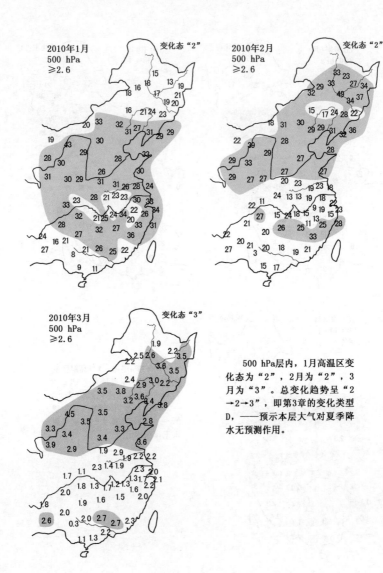

500 hPa层内，1月高温区变化态为"2"，2月为"2"，3月为"3"。总变化趋势呈"2→2→3"，即第3章的变化类型D，——预示本层大气对夏季降水无预测作用。

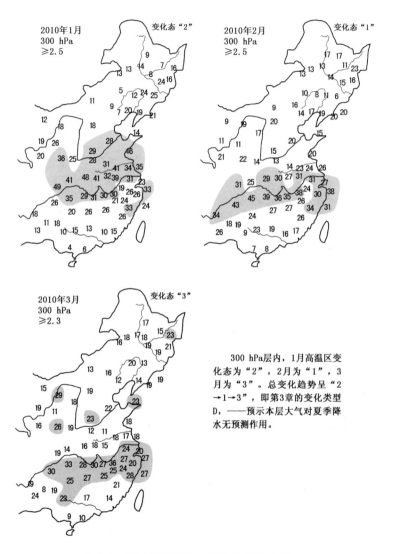

图 4-5　2010 年夏季降水预测分析图(4 层)

300 hPa层内，1月高温区变化态为"2"，2月为"1"，3月为"3"。总变化趋势呈"2→1→3"，即第3章的变化类型D，——预示本层大气对夏季降水无预测作用。

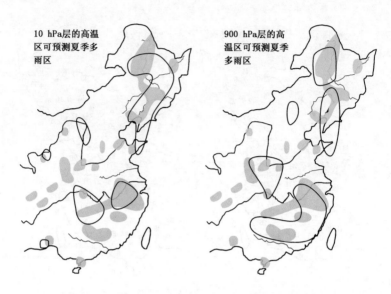

10 hPa层的高温
区可预测夏季多
雨区

900 hPa层的高
温区可预测夏季
多雨区

图 4-6   预报 2010 年夏季多雨区与实况多雨区对比

(2010 年 1—3 月,只有 850 hPa、700 hPa、500 hPa 及 300 hPa 四层探空
记录。经分析,此四层高温层均无预测功能。2010 年夏季降雨结束后,
发现 10 hPa 及 900 hPa 两层大气的高温区可预测夏季多雨区。蓝色为
夏季实况多雨区,粗黑框内为 3 月预测多雨区)

4.4　2011 年夏季旱涝预测分析图

自 2011 年 1 月至 3 月,共有 925 hPa、850 hPa、700 hPa、500 hPa、
400 hPa、300 hPa、250 hPa、200 hPa、150 hPa、100 hPa 等 10 层大气探
空记录,其计算分析如图 4-7 所示,每图的右下角文字标出 1—3 月 10
层大气层的高温区变化态及对每一层大气夏季降水的预测效果。2011
年夏季多雨区的预测与实况如图 4-8 所示。

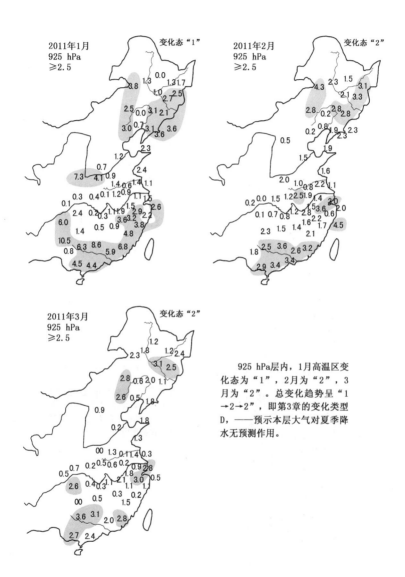

925 hPa层内，1月高温区变化态为"1"，2月为"2"，3月为"2"。总变化趋势呈"1→2→2"，即第3章的变化类型D，——预示本层大气对夏季降水无预测作用。

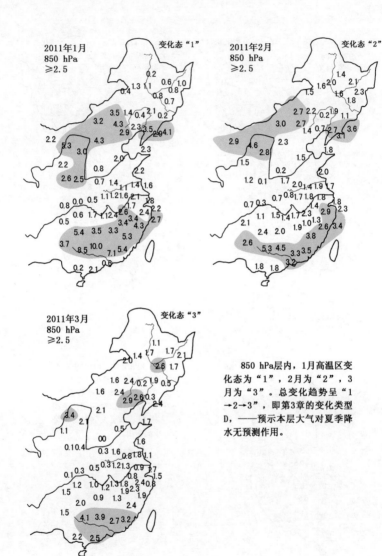

2011年1月
850 hPa
≥2.5

变化态"1"

2011年2月
850 hPa
≥2.5

变化态"2"

2011年3月
850 hPa
≥2.5

变化态"3"

850 hPa层内，1月高温区变化态为"1"，2月为"2"，3月为"3"。总变化趋势呈"1→2→3"，即第3章的变化类型D，——预示本层大气对夏季降水无预测作用。

700 hPa层内，1月高温区变化态为"1"，2月为"3"，3月为"3"。总变化趋势呈"1→3→3"，即第3章的变化类型D，——预示本层大气对夏季降水无预测作用。

171

2011年1月
500 hPa
≥3.0
变化态"2"

2011年2月
500 hPa
≥3.0
变化态"3"

2011年3月
500 hPa
≥3.0
变化态"3"

500 hPa层内，1月高温区变化态为"2"，2月为"3"，3月为"3"。总变化趋势呈"2→3→3"，即第3章的变化类型D，——预示本层大气对夏季降水无预测作用。

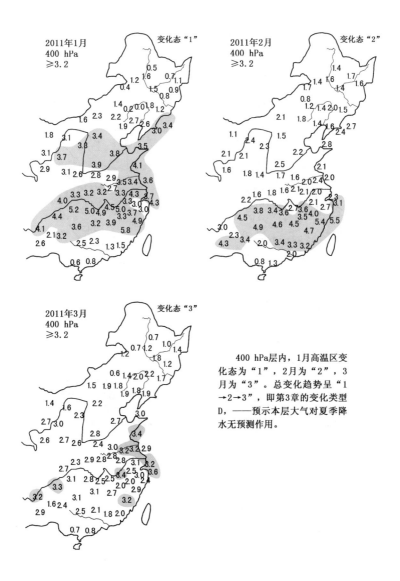

2011年1月
400 hPa
≥3.2

变化态 "1"

2011年2月
400 hPa
≥3.2

变化态 "2"

2011年3月
400 hPa
≥3.2

变化态 "3"

400 hPa层内，1月高温区变化态为"1"，2月为"2"，3月为"3"。总变化趋势呈"1→2→3"，即第3章的变化类型D，——预示本层大气对夏季降水无预测作用。

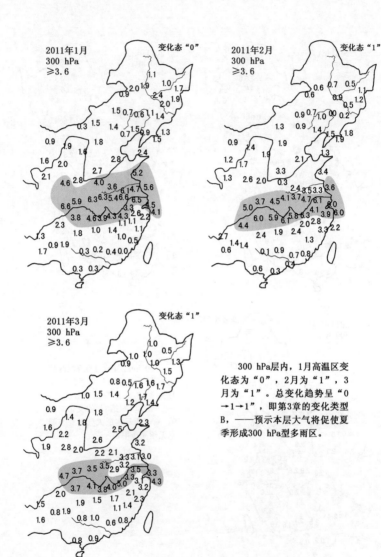

2011年1月
300 hPa
≥3.6
变化态"0"

2011年2月
300 hPa
≥3.6
变化态"1"

2011年3月
300 hPa
≥3.6
变化态"1"

　　300 hPa层内，1月高温区变化态为"0"，2月为"1"，3月为"1"。总变化趋势呈"0→1→1"，即第3章的变化类型B，——预示本层大气将促使夏季形成300 hPa型多雨区。

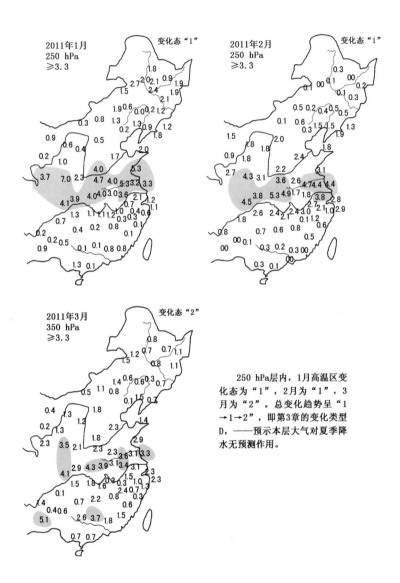

250 hPa 层内，1月高温区变化态为"1"，2月为"1"，3月为"2"。总变化趋势呈"1→1→2"，即第3章的变化类型D，——预示本层大气对夏季降水无预测作用。

200 hPa层内，1月高温区变化态为"2"，2月为"2"，3月为"2"。总变化趋势呈"2→2→2"，即第3章的变化类型D，——预示本层大气对夏季降水无预测作用。

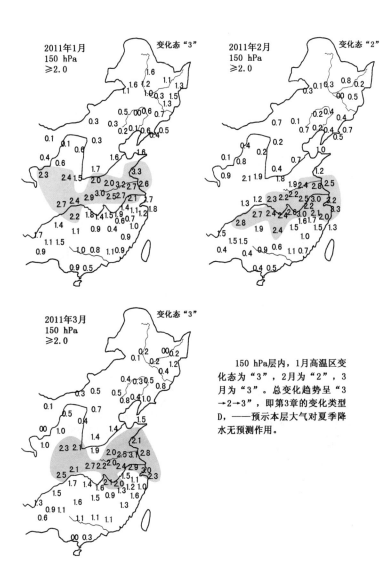

150 hPa层内，1月高温区变化态为"3"，2月为"2"，3月为"3"。总变化趋势呈"3→2→3"，即第3章的变化类型D，——预示本层大气对夏季降水无预测作用。

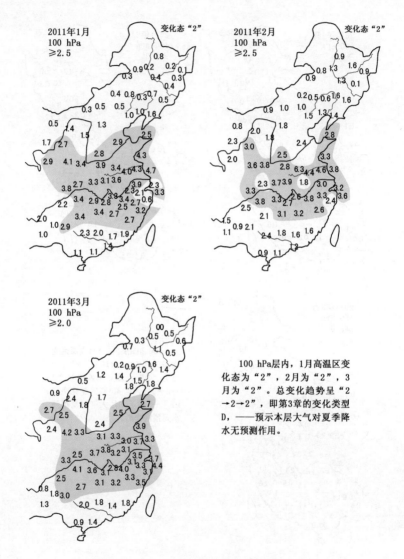

100 hPa 层内，1月高温区变化态为"2"，2月为"2"，3月为"2"。总变化趋势呈"2→2→2"，即第3章的变化类型D，——预示本层大气对夏季降水无预测作用。

图 4-7　2011 年夏季降水预测分析图(10层)

图 4-8　预报 2011 年夏季多雨区与实况多雨区对比

4.5　2012 年夏季旱涝预测分析图

自 2011 年 12 月至 2012 年 2 月,共有 925 hPa、850 hPa、700 hPa、500 hPa、400 hPa、300 hPa、250 hPa、200 hPa、150 hPa、100 hPa、70 hPa、50 hPa 等 12 层大气探空记录,其计算分析如图 4-9 所示。

每幅图右下角文字标出 12 月—翌年 2 月的 12 层大气高温区变化态及对每一层大气夏季降水的预测可能效果。2012 年夏季多雨区的预测与降水实况如图 4-10 所示。

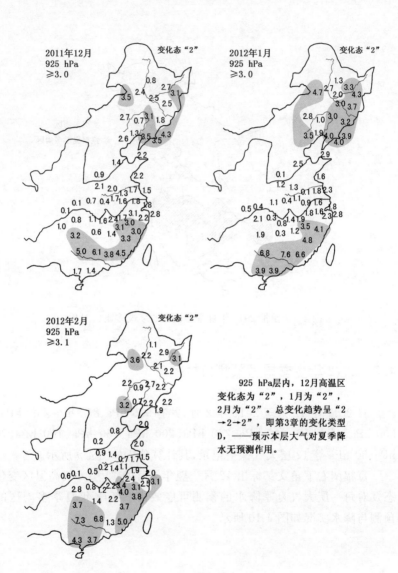

925 hPa层内，12月高温区变化态为"2"，1月为"2"，2月为"2"。总变化趋势呈"2→2→2"，即第3章的变化类型D，——预示本层大气对夏季降水无预测作用。

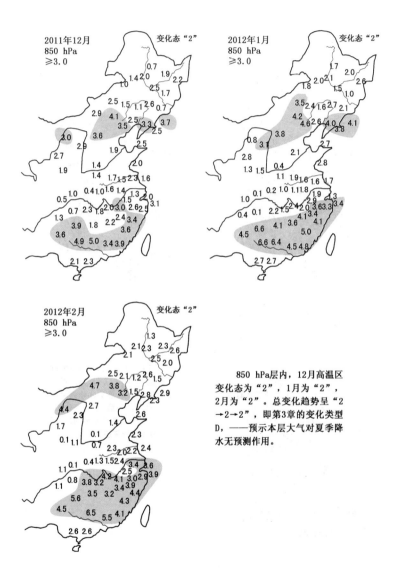

850 hPa层内，12月高温区变化态为"2"，1月为"2"，2月为"2"。总变化趋势呈"2→2→2"，即第3章的变化类型D，——预示本层大气对夏季降水无预测作用。

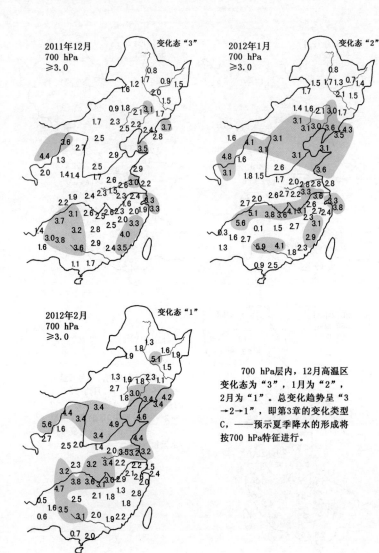

2011年12月
700 hPa
≥3.0　　　　变化态"3"

2012年1月
700 hPa
≥3.0　　　　变化态"2"

2012年2月
700 hPa
≥3.0　　　　变化态"1"

　　700 hPa层内，12月高温区变化态为"3"，1月为"2"，2月为"1"。总变化趋势呈"3→2→1"，即第3章的变化类型C，——预示夏季降水的形成将按700 hPa特征进行。

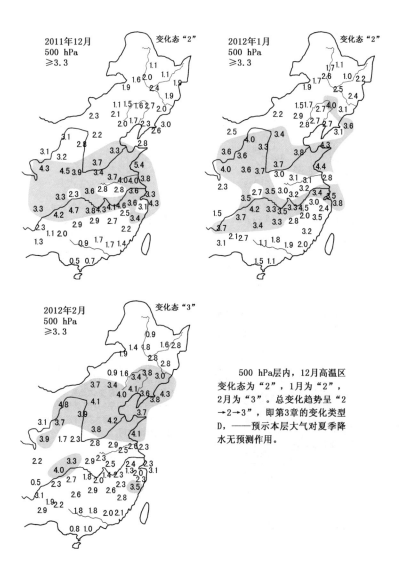

500 hPa层内，12月高温区变化态为"2"，1月为"2"，2月为"3"。总变化趋势呈"2→2→3"，即第3章的变化类型D，——预示本层大气对夏季降水无预测作用。

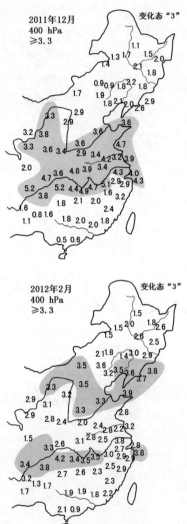

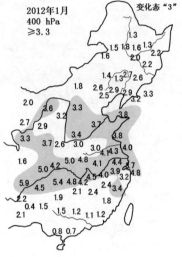

400 hPa层内，12月高温区变化态为"3"，1月为"3"，2月为"3"。总变化趋势呈"3→3→3"，即第3章的变化类型D，——预示本层大气对夏季降水无预测作用。

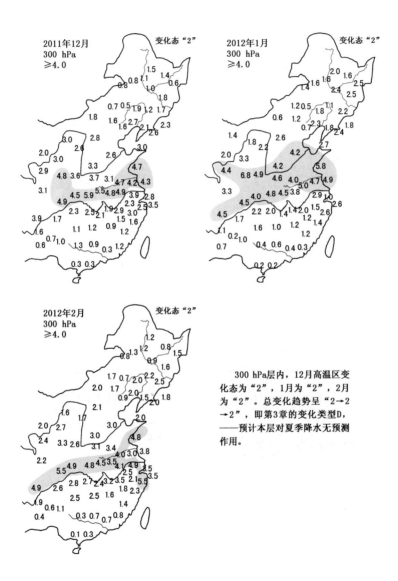

300 hPa层内，12月高温区变化态为"2"，1月为"2"，2月为"2"。总变化趋势呈"2→2→2"，即第3章的变化类型D，——预计本层对夏季降水无预测作用。

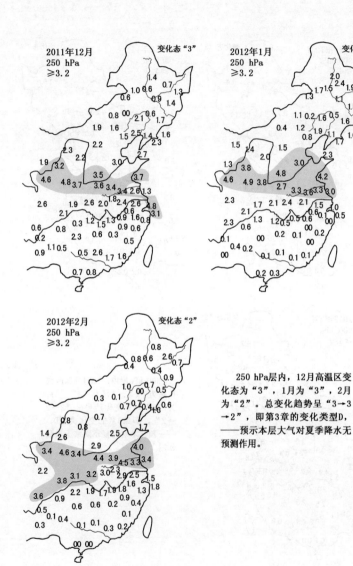

2011年12月
250 hPa
≥3.2

变化态"3"

2012年1月
250 hPa
≥3.2

变化态"3"

2012年2月
250 hPa
≥3.2

变化态"2"

　　250 hPa层内，12月高温区变化态为"3"，1月为"3"，2月为"2"。总变化趋势呈"3→3→2"，即第3章的变化类型D，——预示本层大气对夏季降水无预测作用。

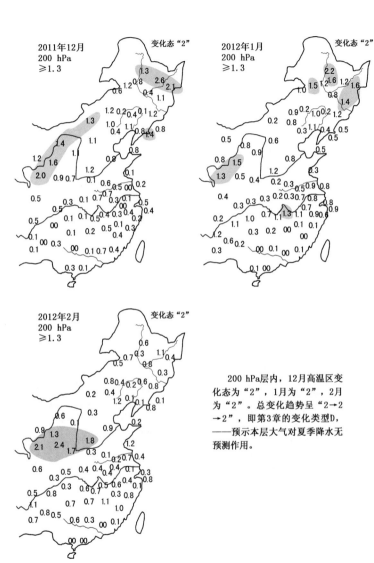

200 hPa 层内，12月高温区变化态为"2"，1月为"2"，2月为"2"。总变化趋势呈"2→2→2"，即第3章的变化类型D，——预示本层大气对夏季降水无预测作用。

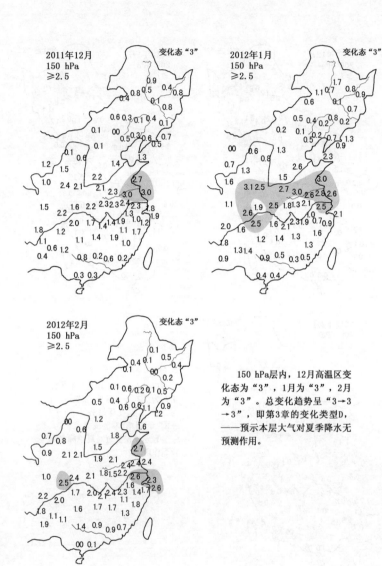

150 hPa层内,12月高温区变化态为"3",1月为"3",2月为"3"。总变化趋势呈"3→3→3",即第3章的变化类型D,——预示本层大气对夏季降水无预测作用。

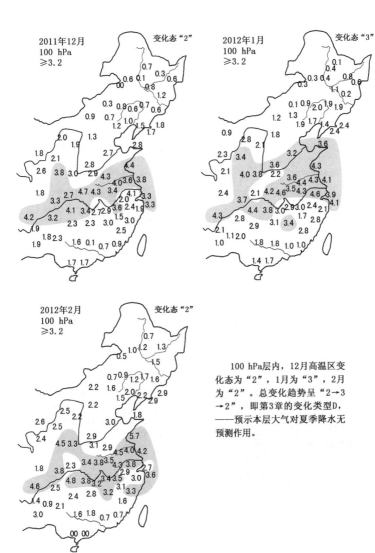

100 hPa层内，12月高温区变化态为"2"，1月为"3"，2月为"2"。总变化趋势呈"2→3→2"，即第3章的变化类型D，——预示本层大气对夏季降水无预测作用。

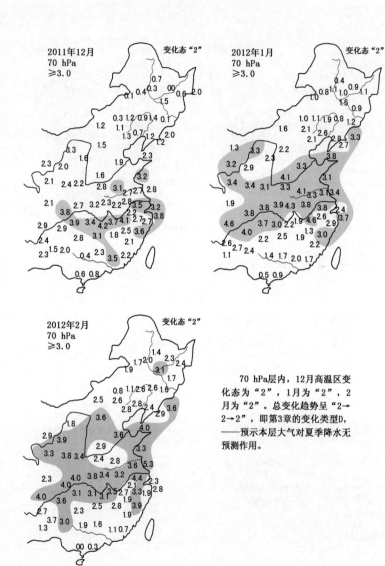

70 hPa层内，12月高温区变化态为"2"，1月为"2"，2月为"2"。总变化趋势呈"2→2→2"，即第3章的变化类型D，——预示本层大气对夏季降水无预测作用。

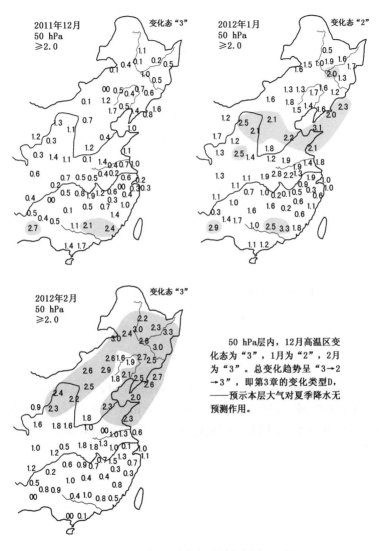

50 hPa层内，12月高温区变化态为"3"，1月为"2"，2月为"3"。总变化趋势呈"3→2→3"，即第3章的变化类型D，——预示本层大气对夏季降水无预测作用。

图 4-9 2012 年夏季降水预测分析图（12 层）

图 4-10　预报 2012 年夏季多雨区与实况多雨区对比

4.6　2013 年夏季旱涝预测分析图

自 2012 年 11 月至 2013 年 2 月,共有 925 hPa、850 hPa、700 hPa、500 hPa、400 hPa、300 hPa、250 hPa、200 hPa、150 hPa、100 hPa、70 hPa 及 50 hPa 共 12 层大气探空记录,其计算分析结果如图 4-11 所示。

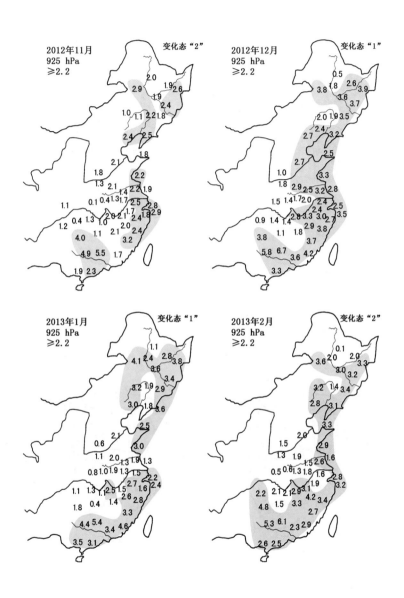

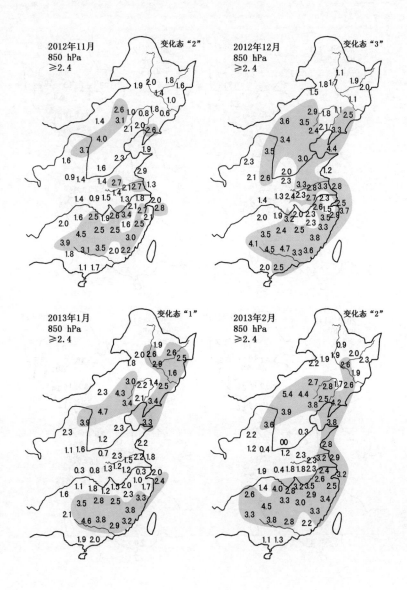

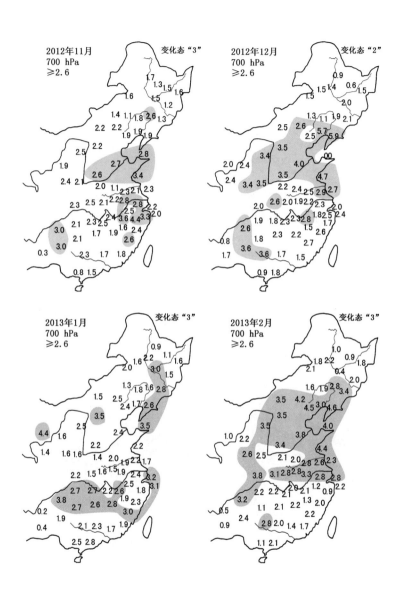

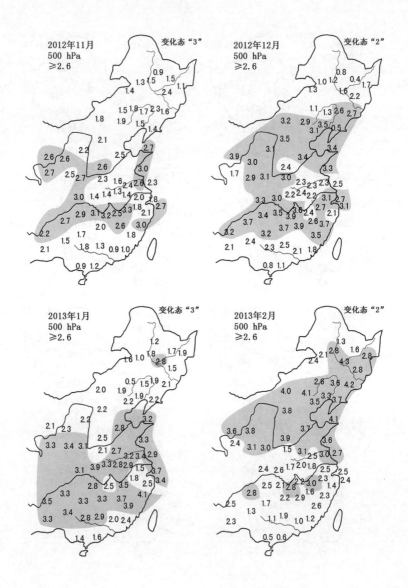

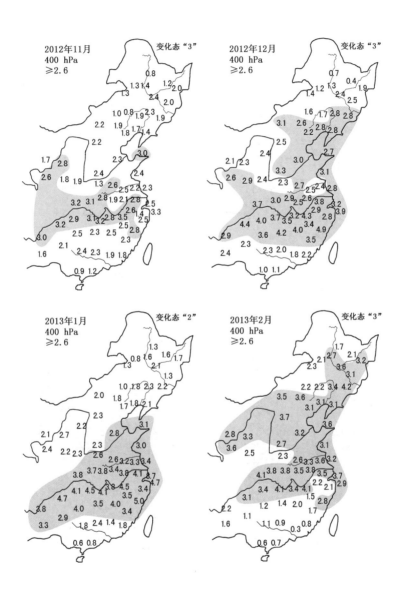

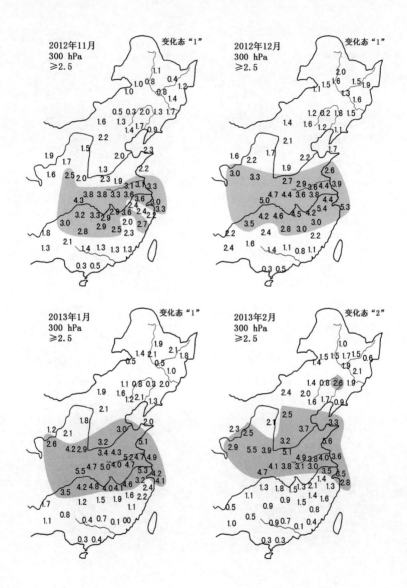

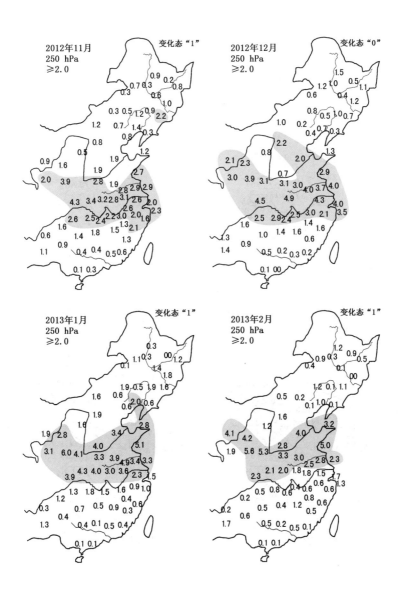

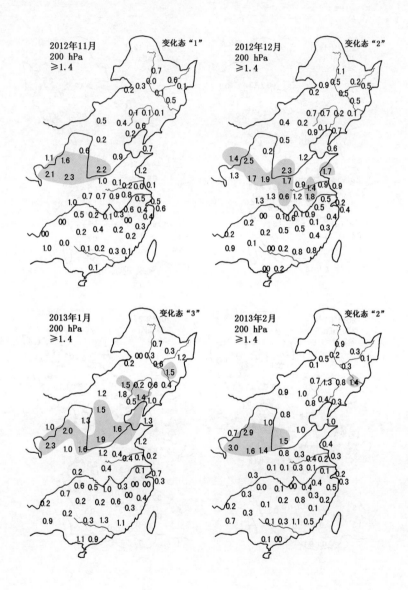

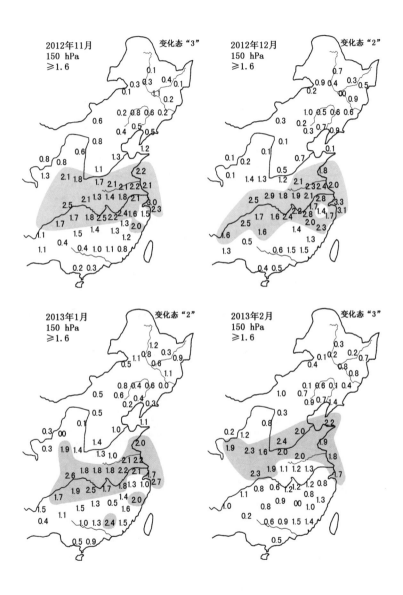

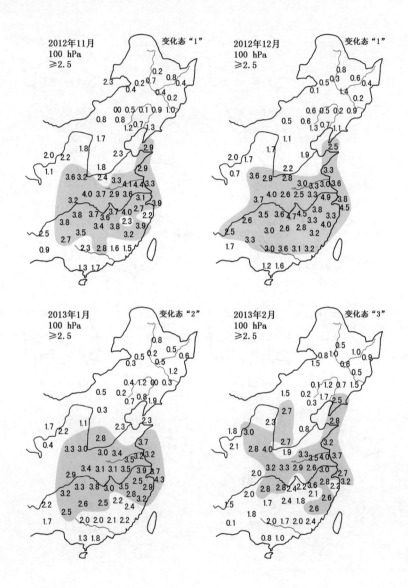

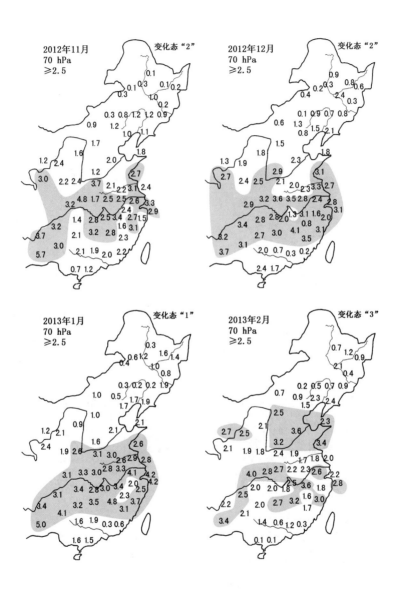

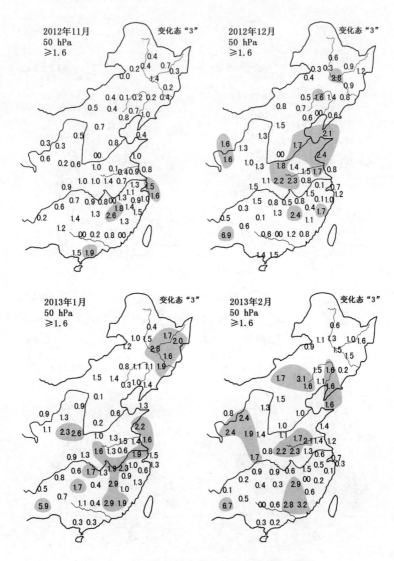

图 4-11　2013 年夏季降水预测分析图（12 层）

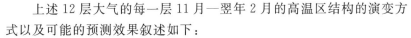

　　上述 12 层大气的每一层 11 月—翌年 2 月的高温区结构的演变方式以及可能的预测效果叙述如下：

　　①925 hPa 大气层 11 月—翌年 2 月的高温区结构演变："2→1→1→2"，不符合第 3 章的演变类型 A、B、C 三者之一，故 925 hPa 层无预测功能。

　　②850 hPa 大气层 11 月—翌年 2 月的高温区结构演变："2→3→1→2"，仍不符合 A、B、C 三者之一，850 hPa 层无预测功能。

　　③700 hPa 大气层 11 月—翌年 2 月的高温区结构演变为："3→2→3→3"，仍不符合 A、B、C 三者之一，700 hPa 层无预测功能。

　　④500 hPa、400 hPa 及 300 hPa 三层大气 11 月—翌年 2 月的高温区结构演变为："3→2→3→2，3→3→2→3，1→1→1→2"，均不符合 A、B、C 三者之一，上述三层无预测功能。

　　⑤250 hPa 大气层 11 月—翌年 2 月的高温区结构演变为："1→0→1→1"，符合第 3 章的变化类型 B，即"1→1→1→1"。故本层有预测功能。

　　⑥在以下的 5 层大气中，200 hPa、150 hPa、100 hPa、70 hPa、50 hPa，高温区结构演变分别为："1→2→3→2、3→2→2→3、1→1→2→3、2→2→1→3 及 3→3→3→3"均不符合演变类型 A、B、C 三者之一，5 层大气均无预测功能。

　　⑦总结上述 12 层大气的高温区在 4 个月内的演变方式，唯有 250 hPa 层符合要求，因此，250 hPa 层大气将按 2 月的 30 年平均高温区模式演变 2013 年 5—8 月的降水趋势（见图 4-12）。

图 4-12　预报 2013 年夏季多雨区与实况多雨区对比

4.7　本书预测技术存在的问题

　　从上述六个年份的预测可以看出，预测正确的关键是：正确决定初冬至初春的 4 个月（11 月—翌年 2 月）或 3 个月（12 月—翌年 2 月）高温区结构演变的"0、1、2、3"四个等级。要决定"0、1、2、3"等级划分正确与否在于对实时（即当年的）高温区结构图像与 2 月的 30 年平均高温区结构图像的对比。但事实上的对比是在定性的经验性情况下进行的。定量的客观对比方法至今还没有解决，这是当前笔者的难题，希望得到读者与专家的帮助与指教！

结束语

本书封笔之际,著者必须向读者报告书中的缺陷与问题。

本书的内容简介中,提出了冬季大气层的高温区预测夏季降水的关键环节:①冬季大气层垂直地划分为 20 层,每层对应(预测)夏季的一类降水。②每一层冬季大气层由 11 月→12 月→翌年 1 月→2 月的演变中,只有 2 月的 30 年平均高温区与夏季降水类型对应最密切。

承认上述事实,也就承认大气层在历史长河的演变中有一些几乎稳定少变的因子。然而,事实并不如此,在笔者从事气候预测的 2008—2014 年七年中就发生了下面的事件:2013 年夏季降水在冬季 250 hPa 层高温区作用下,夏季多雨区发生于长江流域以北至黄河流域以南地区。而 2014 年同样在 250 hPa 冬季高温区影响下,夏季多雨区却移到长江中下游的南侧地区。这是什么原因?(由于书稿完成于 8 月初,此时,尚无法获得 2014 年 5—8 月的逐月雨量记录,因此,书中仅有 2008—2013 逐年 5—8 月雨量图,缺少 2014 年雨量图)。

从预测效果看,第 4 章的 2008—2013 年预测分析与雨量分布实况基本吻合,从七年预测情况看,成功概率约为 85.7%,而 2014 年预测失误,失误概率为 14.3%。以上事实引起笔者深思,也使笔者联想到:很可能①与②两个大气层热力因子的作用不是长期固定不变的。也许,它们具有"大概率"的某种作用,又有"小概率"的另一种作用。为了有效应用这两个因子,最好对历史上 10 年、30 年、50 年……的上述热力因子的功能予以分析和统计,求出最大与最小可能性,这样在预测中的成功概率就将大大增加。

走笔至此,笔者敞开心扉向气象系统有关部门、向气象行业专家呼吁:为了充分发挥我国几十年的气候资料库在研究中的作用,为尽快解决 2009 年《人民日报》和《中国气象报》文章中提出的"气候预测是世界难题,我们能测准气候吗"问题,希望面对从事热力学研究的气候预测人员尽早开放历史探空资料,至少弄清在最近 40 年内 20 层大气与 2 月大气情况的预测功能是稳定呢? 还是多变? 为了较为正确预测出中华大地的夏季旱涝灾情,笔者愿献出余生的全部力量!

2014 年 8 月 20 日

参考文献

蔡尔诚.2009.中国1470—1996年夏季旱涝前兆研究.北京:气象出版社.

蔡尔诚.2012.中国夏季降水预测.北京:气象出版社.

国家气象中心气候应用室.1961—1990年中国高空气候资料(内部资料).

刘毅.2008.气候预测起来难不难 我们能准确预测气候吗? 人民日报,2008-04-09.

普里戈金I.1986.从存在到演化.曾庆宏等译.上海:上海科学技术出版社.

王绍武,赵振国,李维京,等.2009.中国季平均温度及降水量百分比距平图集(1880—2007).北京:气象出版社.

王绍武.2009.从科学角度看气候预测难度.中国气象报,2009-09-18.

席泽宗.2001.中国科学技术史·科学思想卷.北京:科学出版社.

赵振国.1996.中国夏季旱涝及环境场.北京:气象出版社.

中央气象局气象科学研究院.1981.中国近五百年旱涝分布图集.北京:地图出版社.